नमक और समुद्री रसायन

डॉ० डी०डी० ओझा
डॉ० वी.पी. मोहनदास

SCIENTIFIC
PUBLISHERS (INDIA)
www.scientificpub.com

प्रकाशक
साइन्टिफिक पब्लिशर्स (इंडिया)
5–ए, न्यू पाली रोड़,
पोस्ट बॉक्स नं. 91, जोधपुर
फोन – 0291 2433323
फैक्स – 0291 2613449
E-mail: info@scientificpub.com

ISBN:9789392590610
9 789392 590610
Price: 325/-

ISBN: 9

ISBN:9789392590610
9 789392 590610
Price: 325/-

Lasertype set: Rajesh Ojha
Printed in India

परम पूज्यपाद

गुरुवर

आचार्य महामण्डलेश्वर

श्री स्वामी महेशानंदजी गिरि महाराज

के

श्रीचरणों में

सादर समर्पित।

प्राक्कथन

मानव सभ्यता के साथ–साथ उसके जीवन में सागरों का महत्व भी दिन–प्रतिदिन बढ़ता ही जा रहा है। आज, जब मानव ने कल्पनातीत प्रगति करली है तो उसे यह आभास होने लगा है कि उसकी अनेक भौतिक समस्याओं, यथा – खाद्य, आवास, कच्चा माल, ऊर्जा की आपूर्ति आदि के समाधान उसे सागर में ही मिल पाएँगे। वस्तुतः थल, जो पृथ्वी का मात्र 29.2 प्रतिशत भाग ही है, उनके समाधान उपलब्ध कराने में असमर्थ होता जा रहा है।

जब हम समुद्र का गहन अध्ययन करते हैं तो विदित होता है कि समुद्र केवल जल से ही नहीं वरन् अधिकाधिक जीवनदायी तत्वों से भरा हुआ है, इसमें सन्निहित बहुमूल्य वस्तुएं हमारी विशेष संपदा हैं। वर्तमान में हमारे देश में ही नहीं अपितु विश्व के प्रत्येक देश में समुद्र से संबंधित अधिकाधिक जानकारी प्राप्त करने हेतु अनुसंधान किए जा रहे हैं। सागर को 'रत्नाकर' भी यथार्थ में ही कहा गया है। पुराणों में उल्लेखित 'समुद्र मंथन' की वैज्ञानिकता भी सिद्ध हो चुकी है और सत्य प्रतीत हो रही है।

समुद्र, सजीव एवं निर्जीव दोनों संसाधनों का स्रोत है। यह हमारा अनन्य आर्थिक क्षेत्र भी है। भारत की कुल जनसंख्या का लगभग 25 प्रतिशत भाग तटों के समीप ही रहता है और अपनी आजीविका के लिए बहुत हद तक सागर पर ही निर्भर है। सागर की 0 से 50 मीटर तक की गहराई में 22.1 लाख टन और 50 मीटर से अधिक गहराई में 16.9 लाख टन मछलियाँ उपस्थित है।

सागर, जो पृथ्वी के लगभग 71 प्रतिशत भाग को घेरे हुए है, ऊर्जा का अनंत भंडार है। सुखद बात यह है कि सागर ऊर्जा का पुनरुत्पादनीय स्रोत है। वस्तुतः जहाँ तक सागर से ऊर्जा प्राप्त करने का संबंध है, भारत की भौगोलिक स्थिति अत्यन्त लाभकारी है। वह अपने इर्द–गिर्द के सागरों से कितनी भी मात्रा में ऊर्जा प्राप्त कर सकता है।

सागर की खरपतवार भी बहुपयोगी है। उथले सागरों के अंतरज्वारीय (इंटरटाइडल) क्षेत्र में जलमग्न चट्टानों, कोटलों और अन्य वस्तुओं से चिपटे रहनेवाले इन पौधों में तनों, शाखाओं और पत्तियों के अलग–अलग ऊतक नहीं होते वरन् इनमें केवल पत्तियों के सदृश उपांग होते है इन्हें शैवाल कहते हैं।

सागर खनिज एवं औषधीय पदार्थों का भी अनंत भंडार है। वस्तुतः सागर का जल शुद्ध जल नहीं है। उसमें 96.5 प्रतिशत जल है और 3.5 प्रतिशत लवण। खनिज तथा अन्य रसायन केवल सागर के जल में ही घुले हुए नहीं हैं, वरन् उसकी तली में भी पड़े हुए हैं और उसकी तली के नीचे भी भंडारित हैं। इनके अतिरिक्त सागर के जल में घुले हुए अथवा उसके जीव–जंतुओं के शरीर में भी ऐसे पदार्थ संचित हैं जिनसे विभिन्न औषधियाँ प्राप्त की जा सकती है।

प्राचीनकाल से ही अनेक रासायनिक उद्योग समुद्री जल से संबद्ध रहे हैं। नमक, समुद्र से बहुतायत में प्राप्त होने वाला पदार्थ है। इसके अतिरिक्त सागर के जल में ब्रोमीन, मैग्नीशियम, पोटैशियम, सोना, यूरेनियम, बहुधात्विक मैंगनीज पिण्डिकाएं तथा व्यावसायिक स्तर पर 'भारी जल' भी प्राप्त किया जाता है।

आजकल लगभग 60 देशों में बड़े पैमाने पर और विश्व के लगभग हर तटवर्ती देश में नमक बनाया जाता है। नमक हमारे भोजन का एक आवश्यक भाग तो है ही। परंतु वह एक बहुपयोगी औद्योगिक कच्चा माल भी है। नमक अनेक रासायनिक उद्योगों का आधार भी है। इसी प्रकार अन्य रसायनों की भी उपयोगिता है। समुद्र में उपस्थित शैवालों और जीवों में अनेक औषधीय पदार्थ भी विद्यमान होते हैं।

सागर में उपस्थित रसायन विशेषतः नमक और विविध औषधीय पदार्थों की बढ़ती उपयोगिता को देखते हुए इनके बारे में जानकारी जन साधारण को होनी चाहिए। वर्तमान में हिंदी में इस प्रकार की पुस्तक अभी प्रबुद्ध पाठकों के लिए उपलब्ध नहीं है। अतः इस अभाव को दूर करने के लिए हमनें **'नमक और समुद्री रसायन'** पुस्तक का प्रणयन किया है। इस पुस्तक में समुद्र विषयक सामान्य जानकारी, समुद्र मंथन की वैज्ञानिकता, नमक की उपलब्धता, प्राप्ति के स्रोत, विविध गुण, उत्पादन एवं स्थान,

आयोडीन युक्त नमक, नमक एवं स्वास्थ्य, नमक के बहुपयोग, समुद्री रसायनों के प्रकार, उत्पादन, उपयोगिता, समुद्र में व्याप्त खनिज संसाधन, शैवाल विषयक अतिदुर्लभ तकनीकी जानकारी एवं समुद्री स्रोतों से प्राप्त आयुर्वेद में प्रयुक्त औषधियों विषयक रोचक जानकारी सरल, बोधगम्य भाषा में श्वेत–श्याम तथा रंगीन चित्रों सहित प्रदान की गई है।

इस लोकोपयोगी पुस्तक का सफल लेखन कार्य **परम पूज्यपाद, अनन्तश्रीविभूषित, आचार्य महामण्डलेश्वर श्री स्वामी महेशानंदजी गिरि महाराज** के आशीर्वाद से ही सम्पन्न हुआ है। अतः यह पुस्तक उन्हीं के श्रीचरणों में समर्पित है। पुस्तक के लेखन कार्य में **श्री स्वामी स्वयंप्रकाशजी गिरि महाराज** ने बहुमूल्य सुझाव देकर इसे जनोपयोगी बनाया। अतः लेखक उनके हृदय से कृतज्ञ हैं। इस पुस्तक में केन्द्रीय नमक एवं समुद्री रसायन अनुसंधान संस्थान, भावनगर के निदेशक डॉ. पुष्पितो के. घोष ने तकनीकी मार्गदर्शन प्रदान किया, एतदर्थ लेखकद्वय उनके बहुत आभारी है। इसी संस्थान के प्रमुख वैज्ञानिक श्री एम.आर. गांधी तथा भारत सरकार के नमक विभाग के आयुक्त श्री एस. सुंदरेसन एवं उपायुक्त श्री एम.ए. अंसारी ने भी सहयोग प्रदान किया। अतः लेखक उन सभी को साधुवाद देते हैं। लेखकद्वय उन सभी विद्वान कृतिकारों के भी हृदय से कृतज्ञ हैं जिनकी कृतियों का यत्किंचित उपयोग इस जनोपयोगी पुस्तक में लोगों के ज्ञान अभिवृद्धि तथा विज्ञान के लोकप्रियकरण हेतु किया गया हैं। आशा है पुस्तक में प्रदत्त तकनीकी जानकारी से प्रबुद्ध पाठकगण अवश्य लाभान्वित होंगे।

डॉ० डी०डी० ओझा
डॉ० वी०पी० मोहनदास

अनुक्रम

समुद्र का उद्भव

समुद्र और मानव समाज के बीच प्रगाढ संबंधों के विषय में जानने से पूर्व समुद्र के उद्भव के बारे में जानना यथोचित एवं महत्त्वपूर्ण हैं। चित्र –1 में पृथ्वी की सतह पर सम्पूर्ण भू–भाग एवं जलभाग की स्थिति को विभिन्न समयकालों में, जैसे अंतिम कार्बोनिफेरस काल से लेकर इओसिन काल तक दर्शाया गया हैं। वेगनरी की परिकल्पना के अनुसार कई हजार वर्ष पूर्व, लगभग कार्बोनिफेरस काल के दौरान, विभिन्न महाद्वीपीय खंड पैंजिया से टूटकर अलग–अलग दिशाओं में विस्थापित होने शुरु हुए। ऐसी संकल्पना है कि वर्तमान काल के विभिन्न महाद्वीपीय खंड वस्तुतः एक समुचित भूखंड के समकक्ष थे, जो कि चारों ओर से जल से घिरा हुआ था। समुचित भूखंड भाग पैंजिया एवं सम्पूर्ण जल भाग पैंथालसा कहलाया। महाद्वीपीय खंडों का पैंजिया से टूटकर अलग होना तथा उनके विभिन्न दिशाओं में विस्थापन का मूल कारण गुरुत्वाकर्षण बल, उत्प्लावन बल एवं सूर्य तथा चंद्रमा द्वारा उत्पन्न ज्वारभाटीय बलों को माना गया है। इन द्वीपों के विस्थापन के फलस्वरूप ही समुद्र का उद्भव माना गया है। अनुसंधानों से विदित हुआ है कि महाद्वीपीय खंड गुरुत्वाकर्षण एवं उत्प्लावन बलों के परिणामस्वरूप विषुवत रेखा की ओर विस्थापित होते हैं, जबकि ये सूर्य तथा चंद्रमा के ज्वारभाटीय बलों के परिणामस्वरूप पश्चिम दिशा की ओर विस्थापित होते हैं।

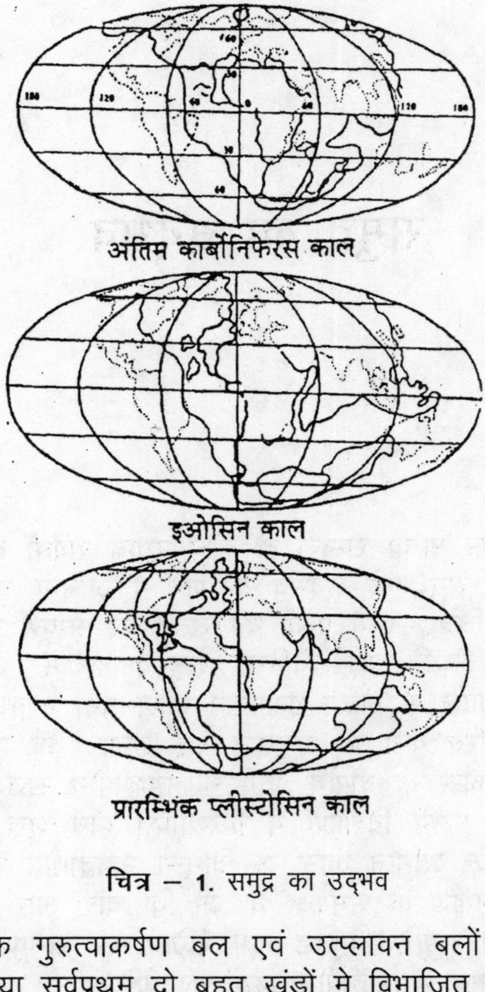

चित्र – 1. समुद्र का उदभव

विभेदक गुरुत्वाकर्षण बल एवं उत्प्लावन बलों के परिणाम स्वरूप पैंजिया सर्वप्रथम दो बृहत् खंडों मे विभाजित हुआ। इसका उत्तरी भाग लॉरेशिया तथा दक्षिणी भाग गोण्डवानालैंड कहलाया। इन दोनों विशाल महाद्वीपों के मध्य का जल–भाग टेथिस सी कहलाया। क्रीटेशस काल में गोण्डवानालैंड पुनः विभिन्न खंडों, जैसे – भारतीय महाद्वीप, मेडागास्कर, आस्ट्रेलिया एवं अंटार्कटिका आदि में विघटित हुआ। भारतीय महाद्वीप के उत्तर दिशा में विस्थापित होने के कारण हिन्द महासागर का उदभव हुआ। इसी प्रकार, उत्तरी एवं दक्षिणी अमेरिका के पश्चिमी दिशा में विस्थापन के फलस्वरूप "अटलांटिक महासागर" का उद्भव हुआ। उत्तरी अमेरिका लॉरेशिया

से विघटित हुआ, जबकि दक्षिणी अमेरिका अफ्रीका से विघटित हुआ। उत्तरी ध्रुवों से महाद्वीपीय खंडों के पलायन के उपरांत "आर्कटिक एवं उत्तरी महासागर" उत्पन्न हुए। पैंथालसा का शेष भाग इस प्रकार "प्रशान्त महासागर" के नाम से जाना गया।

समुद्र तल की आंतरिक संरचना

यह सर्वविदित है कि समुद्री जल एवं समुद्री सतह अनेक प्रकार से मानव समाज के लिए कल्याणकारी है। एक ओर जहाँ समुद्री जल अपनी कोख में विभिन्न खाद्य पदार्थों, वनस्पतियों को समाहित रखता है, दूसरी तरफ समुद्र की सतह विशालकाय जलयानों आदि के आवागमन के माध्यम का कार्य करती है। इसी प्रकार समुद्री तल की महत्ता भी अद्वितीय है जो कि अपनी गर्त में विभिन्न बहुमूल्य तथा खनिज पदार्थों एवं पेट्रोलियम तेल तथा प्राकृतिक गैस आदि को समाये रखता है। इन बहुमूल्य एवं बहुपयोगी पदार्थों को समुद्र तल के गर्त से ढूंढ निकालने के लिए समुद्र–तल की संरचना के बारे में समुचित जानकारी अत्यन्त आवश्यक है। चित्र – 2 में समुद्र तल की आंतरिक संरचना के अनुप्रस्थ काट को दर्शाया गया है।

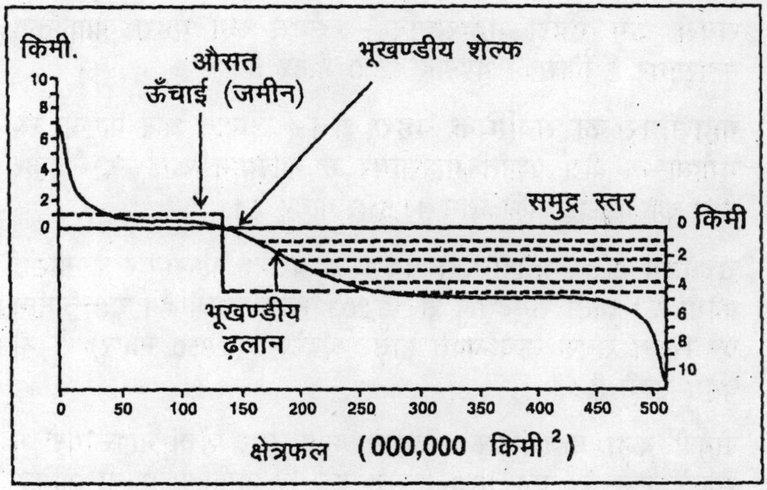

चित्र – 2. समुद्र तल की आंतरिक संरचना का अनुप्रस्थ काट

उपर्युक्त चित्र से विदित होता है कि खनिज एवं पेट्रोलियम पदार्थों को दृष्टिगत रखते हुए समुद्र तल को मुख्यतया दो महत्वपूर्ण भागों में विभाजित कर सकते हैं। समुद्र तल का प्रथम भाग 'भूखंडीय शेल्फ' है जो कि भूखंड एवं समुद्र के संगम पर पाया जाता है। समुद्र तल का दूसरा भाग 'भूखंडीय ढाल' है जो भूखंडीय शेल्फ के अंतिम सिरे से प्रारंभ होकर समुद्र के अंदर की ओर विस्तृत रूप से फैलता है। इस भाग का झुकाव अपेक्षाकृत अधिक ऊर्ध्वाधर होता है। अन्वेषण द्वारा विदित होता है कि खनिज एवं पेट्रोलियम आदि पदार्थों की बहुतायत मात्रा समुद्र के इन्हीं दो प्रमुख भागों में समाहित हैं। वर्तमान अध्ययन कुछ नवीनतम खनिज पदार्थों, जैसे – बहुधात्विक पिंडिकाओं एवं कार्बनिक पदार्थों, यथा – गैस हाइड्रेट आदि की उपस्थिति समुद्र के गहरे जल भाग में भी प्रमाणित करते हैं।

महासागर के कुछ महत्त्वपूर्ण तथ्य

महासागर के कुछ महत्त्वपूर्ण तथ्य निम्नवत् हैं।

- **सबसे गहरा महासागर** – प्रशांत महासागर है जिसकी गहराई 4200 मीटर है।
- **सबसे कम गहरा महासागर** – सबसे कम गहरा आर्कटिक महासागर है जिसकी गइराई 1300 मीटर है।
- **महासागर का सर्वाधिक गहरा क्षेत्र**– जापान और पापुआ न्यू गुयाना के बीच प्रशांत महासागर में मारियान खाई में चैलेंजर डीप की गहराई अधिकतम 11,516 मीटर है।
- **उच्चतम अंत–महासागरी पर्वत** – प्रशांत महासागर में माउंट कीया की चोटी समुद्रतल से 10,203 मीटर ऊंची है। यह जमीन पर स्थित सबसे ऊंचे पर्वत माउंट एवरेस्ट (8,850 मीटर) से भी बहुत ऊंची है।
- **सबसे बड़ा महासागर** – प्रशांत महासागर पाँचों महासागरों में सबसे बड़ा है। यह 16.3 करोड़ वर्ग किलोमीटर से भी अधिक क्षेत्र में फैला है।

- **महासागरों में भरे हुए जल की मात्रा** – 1.46 अरब घन किलोमीटर /पृथ्वी के कुल जल का 97 प्रतिशत से भी अधिक महासागरों में है।
- **सबसे लंबी पर्वतीय शृंखला** – मध्य सागरीय रिज (मिड ओशेनिक रिजेस) सबसे लंबी पर्वतीय शृंखला है। इन रिंजों की कुल लंबाई लम्बाई लगभग 74,000 किलोमीटर है और यह सभी महासागरों के मध्य में पाई जाती है।
- **औसत तापमान**– महासागरों का औसत तापमान 2° सेल्सियस है।
- **कार्बन डाइ ऑक्साइड अवशोषण** – जीवाश्म ईंधन के जलने से उत्पन्न कार्बन डाइ ऑक्साइड का 30 से 50 प्रतिशत तक महासागर अवशोषित कर लेते हैं।
- **औसत गहराई**–महासागरों की औसतन गहराई 3720 मीटर है
- **विस्तार** – पृथ्वी की सतह के 71 प्रतिशत से अधिक क्षेत्र में महासागर फैला हुआ है।
- **मात्स्यकी** – प्रतिवर्ष महासागरों से 700 से 750 लाख टन मछली पकड़ी जाती है।
- **लवणता** – महासागर के पानी की औसत लवणता (खारापन) 35 कण प्रति हजार भाग है। अर्थात् पानी की 1000 इकाईयों में से 35 इकाईयाँ लवण की है।
- **प्रवाल भित्ति**–समुद्र तल के 5% से कम क्षेत्र में प्रवाल भित्ति है परंतु समुद्री प्रजातियाँ इनपर प्रत्यक्ष या परोक्ष रूप से निर्भर है।
- **सबसे लंबा समुद्री खरपतवार** – विशालकाय वरुणधारा (केल्प) जो लगभग 60 मीटर लंबा है।
- **सबसे बड़ा समुद्री जीव** – महासागरों में रहने वाली नीली व्हेल थल तथा जल में रहनेवाले जीवों में से सबसे बड़ी है।
- **सबसे छोटा महासागर** – आर्कटिक महासागर 1.41 करोड़ वर्ग किलोमीटर क्षेत्र में फैला हुआ है।

- **सबसे शक्तिशाली महासागरीय धारा**– अंटार्कटिक परिध्रुवीय धारा। यह एक सेकंड में दस करोड़ घनमीटर समुद्री जल को ले जाती है।
- **ज्वालामुखी सक्रियता** – पृथ्वी में ज्वालामुखी सक्रियता की 90% से अधिक महासागर में घटित होती है।
- **समुद्री प्रदूषण** – महासागरों में सभी तरह का प्रदूषण 80% से अधिक भूमि आधारित गतिविधियों के कारण होता है।

समुद्र मंथन की वैज्ञानिकता

विष्णु पुराण के अनुसार सात समुद्र है – लवण, इक्षु, मदिरा, घृत, दधि, दुग्ध तथा मीठे जल के समुद्र। भारत के पौराणिक ग्रंथों में समुद्र की महिमा का व्यापक वर्णन मिलता है। भगवान विष्णु ने अपने प्रमुख दस अवतारों में से दो अवतार, यथा – मत्स्यावतार एवं कूर्मावतार समुद्र में ही लिए थे।

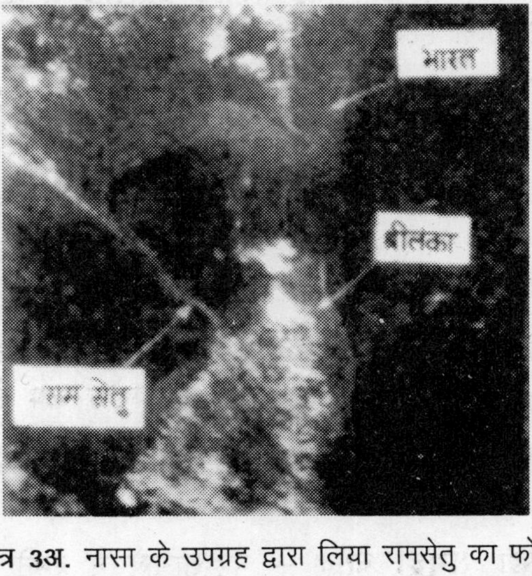

चित्र 3अ. नासा के उपग्रह द्वारा लिया रामसेतु का फोटो

सागर के सामरिक महत्व को समझकर भगवान श्रीराम ने भारत और लंका के बीच पत्थर के सेतु का निर्माण कराया था, जिसे आधुनिक अंतरिक्ष वैज्ञानिकों ने आज भी समुद्र तल के कुछ नीचे स्थित देखा है। इसका चित्र पहले संयुक्त राज्य अमेरिका के

एक नासा – उपग्रह (चित्र – 3अ) द्वारा लिया गया था। बाद में भारत के अंतरिक्ष वैज्ञानिकों ने भारतीय सुदूर संवेदन उपग्रह पी–4 द्वारा 14 जनवरी, 2000 ई. को रामेसतु का चित्र लिया था जिसे चित्र 3–ब में दर्शाया गया है।

वेदों और पुराणों, विशेष रूप से मत्स्यपुराण, विष्णुपुराण तथा कौटिल्य के अर्थशास्त्र में सागर के बारे में स्पष्ट उल्लेख मिलता है। इसी प्रकार अशोक के अनेक स्तंभों पर सागर और उसके लक्षणों के बारे में विवरण अंकित है। 'जातक–माला' (रचनाकाल – ईसा की प्रथम शताब्दी) में अनेक समुद्री कूटों के वर्णन का उल्लेख मिलता है।

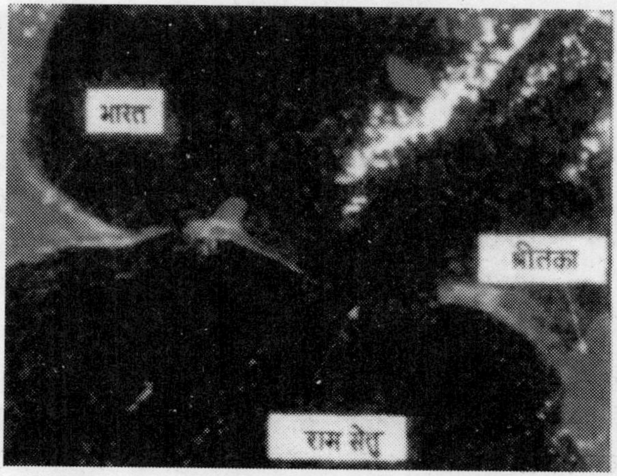

चित्र 3ब. आई.आर.एस. जी–4 द्वारा लिया गया रामसुेत का फोटो।

वस्तुतः समुद्र मंथन (चित्र – 4) भी विज्ञान सम्मत है। मंथन के समय वासुकि नाग का रस्सी के रूप में तथा मंदराचल पर्वत को मथानी के रूप में प्रयोग किया गया था। आज भली भाँति विदित है कि समुद्र में अनेक पर्वत श्रृंखलाएं पाई जाती है, जो ज्वालामुखी सक्रिय क्षेत्रों में स्थित हैं। इसके साथ ही पृथ्वी का ऊपरी पटल प्लेटों का बना हुआ है, जिन्हें अंतरतल की ऊष्मीय तरंगें चलायमान रखती हैं। वैज्ञानिकों ने अनुसंधानों द्वारा ज्ञात किया है कि इन पर्वत श्रृंखलाओं में अनेक खनिज पदार्थ पाए जाते हैं। अतः पौराणिक मंदराचल पर्वत एवं वासुकि के तुलनात्मक रूप में प्लेटों, उनका ऊष्मा से मंथन एवं पर्वत श्रृंखलाओं के जन्म का ज्ञान होता है।

समुद्र मंथन से चौदह रत्न प्राप्त हुए थे, यथा – श्री (लक्ष्मी), मणि (सीप), रंभा (अप्सरा), वारूणी, अमिय (अमृत), शंख, ऐरावत (हाथी), कल्पवृक्ष, चंद्रमा, कामधेनु, धनु (धनुष), धनवंतरि, विष एवं घोड़ा।

चित्र – 4. समुद्र मंथन

समुद्र मंथन से सर्वप्रथम विष की प्राप्ति हुई थी। यह विष और कुछ नहीं वरन् जल का मल था। वर्तमान संदर्भ में यह विष मानवीय कार्यकलापों तथा औद्योगिकीकरण द्वारा समुद्री प्रदूषण के रूप में उभरकर आया है, जो समुद्री जैव संपदा के लिए विष तुल्य है। भगवान शिव के विषपान के पश्चात् कल्पवृक्ष की प्राप्ति हुई। कल्पवृक्ष की समानता मानवोपयोगी विविध समुद्री वनस्पतियों से की जा सकती है। समुद्री शैवाल कई महत्वपूर्ण उत्पादों के स्रोत के रूप में उभरी है। इनका उपयोग खाद्य, रासायनिक उर्वरक एवं औषधि निष्कर्षण के रूप में हो रहा है। तटीय क्षेत्र में पाया जानेवाला बहुपयोगी नारियल तो मानव के लिए वरदान साबित हो रहा है। अतः कल्पवृक्ष समुद्री वनस्पतियों के समान उपयोगी एवं समानार्थक प्रतीत होता है।

कामधेनु को समुद्रीगाय (**Dugong**) भी कहा जाता है। वस्तुतः यह जैविक संपदा का प्रतीक है। सामुद्रिक जैव संपदा मानवजाति

के भरण–पोषण में समर्थ है। समुद्र से प्राप्त मत्स्य, झींगा एवं शुक्ति आज भी तटीय प्रवासियों का मुख्य आधार हैं।

ऐरावत तथा उच्चैश्रवा संभवतः हाथी एवं अश्व के समान समुद्री जीवों का वर्णन है। ह्वेल मछली एक स्तनधारी वर्ग की अर्थात् हाथी की जाति की है। डॉल्फिन मछलियाँ समुद्र में अश्व की तरह जल विहार करती हैं। इस प्रकार के जीव समुद्री जैविक संतुलन में महत्वपूर्ण भूमिका निभाते हैं। वरुण को जल का द्योतक माना गया है, जो जीवन की उत्पत्ति का मूल कारण है। लक्ष्मी समृद्धि की सूचक है। समुद्र में हाल ही में अनेकानेक खनिज खोजे गए हैं, जो समुद्री भू भौतिकीय प्रक्रियाओं के फलस्वरूप उत्पन्न हुए है। समुद्रतटीय बालू में सोने, हीरे, जिरकॉन, इल्मेनाइट इत्यादि धातुओं के भंडार बहुतायत से प्राप्त हुए हैं। अतएव जैविक एवं भौतिक संपदाओं की प्राप्ति मानव की सुख संपदाओं का प्रतीक है।

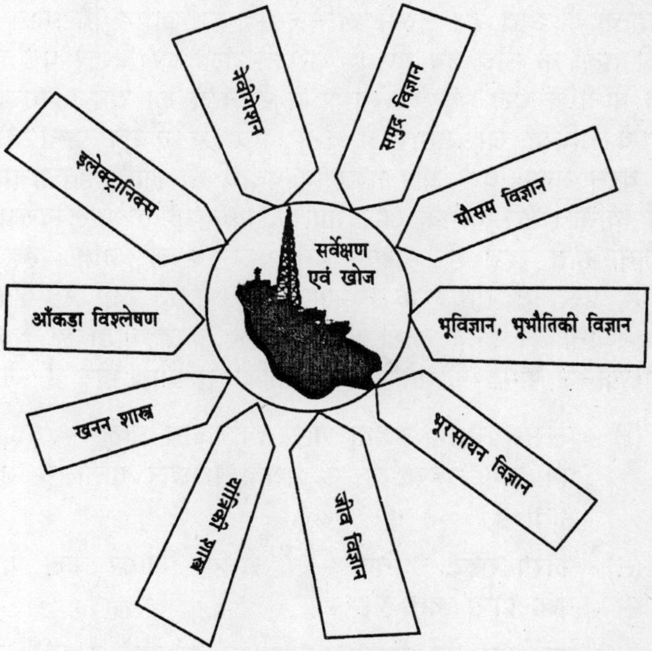

चित्र – 5. समुद्र अन्वेषण के संभावित क्षेत्र

समुद्र मंथन के फलस्वरूप धनवंतरि अमृत कलश के साथ प्रकट हुए। धन्वंतरि वैद्य के रूप में प्रसिद्ध है। प्राचीनकाल से मोती,

शंख और सीपियों का उपयोग औषधि के रूप में किया जाता है। आज समुद्री जीवों, वनस्पतियों तथा प्रवालों से महत्वपूर्ण औषधि सार प्राप्त किए जाते हैं, जिनका उपयोग बहुत से रोगों के निवारण में किया जा रहा है। रोग निदान, जो कि अमृत तुल्य है, को अमृत की संज्ञा देकर समुद्र मंथन की वैज्ञानिक दृष्टि से पूर्णरूप से पुष्टि होती है। अतः अब यह समय की विपुल मांग है कि हम विज्ञान के विभिन्न विषयों के ज्ञान को एकत्रित कर एक बार पुनः समुद्र मंथन को आधुनिक परिप्रेक्ष्य में रखकर इस दिशा में गंभीर प्रयास करें। तभी हम एक सुरक्षित एवं खुशहाल भविष्य की ओर अग्रसर हो पाएँगे। (चित्र – 5)।

खनिजों का अपार स्रोत – सागर

सागर की जैव संपदा यदि अपार है तो वह खनिज संपदा का भी महत्वपूर्ण स्रोत है। इसमें खनिज भी हर जगह विद्यमान है, वे उसकी तली के नीचे दबे हुए हैं, उसकी तली पर बिखरे पड़े हैं और उसके पानी में घुले हुए हैं। सागर में खनिजों का सबसे प्रमुख स्रोत हैं – वे नदियाँ जो सागर में बड़ी मात्रा में केवल पानी ही नहीं लाती वरन् उसमें घुले और छितराए पदार्थ भी लाती है। इनमें कुछ पदार्थ विभिन्न रासायनिक और भौतिक क्रियाओं के फलस्वरूप तली पर जमा होते रहते हैं। यद्यपि इनके जमाव की गति बहुत धीमी होती है, परंतु ये सागर के निर्माण काल से ही जम रहे हैं। अतः अनेक स्थानों पर इनके जमा होने की तह बहुत मोटी हो चुकी है। समुद्री खनिज समुद्र की विभिन्न गहराईयों से प्राप्त होते हैं, जैसे –

(i) प्लेसर निक्षेप अथवा भारी खनिजीय बालू – यह समुद्र की कम गहराईयों में अथवा छिछले पानी में उपलब्ध होती है।

(ii) फॉस्फोराइट खनिज – ये समुद्री किनारे वाले पानी के मध्य प्राप्त होते हैं।

(iii) बहु धातुयुक्त मैंगनीज पिंड – ये गहरे समुद्री क्षेत्रों में पाए जाते हैं।

समुद्र से रसायन

ऐसा प्रेक्षित किया गया है कि आवर्त्त सारणी के सभी तत्त्व सागर के जल में विद्यमान हैं। सागर का जल शुद्ध जल नहीं है। उसमें 96.5 प्रतिशत जल है और 3.5 प्रतिशत लवण है। इसप्रकार विश्व के सभी सागरों में अनुमानतः 5×10^{16} (5 लाख अरब) मीट्रिक टन लवण घुले हुए हैं। इनमें प्राकृतिक रूप से पाए जाने वाले लगभग 60 तत्त्वों के लवण शामिल हैं, परंतु इन सब तत्त्वों की मात्रा इतनी नहीं है कि उन्हें व्यावसायिक रूप से निष्कर्षित किया जा सके। अनुमानतः सभी महासागरों में कुल 50,000 लाख करोड़ मीट्रिक टन नमक की मात्रा है। प्राचीनकाल से ही रसायन उद्योग का समुद्री जल से घनिष्ठ संबंध रहा है। समुद्र जल से सोडियम क्लोराइड, सोडियम कार्बोनेट, ब्रोमीन, मैग्नीशियम तथा उनके लवण औद्योगिक मात्राओं में प्राप्त किए जाते हैं। आयोडीन तथा ब्रोमीन भी समुद्र में अत्यधिक मात्रा में पाई जाती है। विश्वभर की ब्रोमीन का 9/10 हिस्सा समुद्र में ही विद्यमान है। समुद्र में भारी पानी (Heavy Water) का उत्पादन भी औद्योगिक स्तर पर किया जा रहा है। समुद्री जल में घुले तत्त्वों की मात्रा को सारणी – 1 में दर्शाया गया है।

सारणी – 1. समुद्री जल में घुले तत्त्वों की मात्रा

तत्त्व	मात्रा (मि०ग्रा०/लीटर)	सागर में कुल मात्रा (टन)
क्लोरीन	19,000.0	29.3×10^{15}
सोडियम	10,500.0	16.3×10^{15}
मैग्नीशियम	1,350.0	2.1×10^{15}
गंधक	885.0	1.4×10^{15}
कैल्सियम	400.0	0.6×10^{15}
पोटैशियम	380.0	0.6×10^{15}
ब्रोमीन	65.0	0.1×10^{15}
कार्बन	28.0	0.4×10^{15}
स्ट्रांशियम	8.0	$12{,}000 \times 10^{9}$

बोरॉन	4.6	$7{,}100 \times 10^9$
सिलिकॉन	3.0	4.700×10^9
फ्लुओरीन	1.3	2000×10^9
आर्गन	0.6	930×10^9
नाइट्रोजन	0.5	780×10^9
लीथियम	0.17	260×10^9
रुबीडियम	0.12	190×10^9
फॉस्फोरस	0.07	110×10^9
आयोडीन	0.06	93×10^9
बेरियम	0.03	47×10^9
इंडियम	0.02	31×10^9
जस्ता	0.01	16×10^9
लोहा	0.01	16×10^9
एलुमिनियम	0.01	16×10^9
मालिब्डनम	0.01	16×10^9
सेलीनियम	0.004	6×10^9
टिन	0.003	5×10^9
कॉपर	0.003	5×10^9
आर्सेनिक	0.003	5×10^9
यूरेनियम	0.003	5×10^9
निकेल	0.002	3×10^9
वैनेडियम	0.002	3×10^9
मैंगनीज	0.002	3×10^9
टाइटेनियम	0.001	1.5×10^9
एंटीमनी	0.0005	0.8×10^9
कोबाल्ट	0.0005	0.8×10^9
सीजियम	0.0005	0.8×10^9
क्यूरियम	0.0004	0.6×10^9
इट्रियम	0.0003	5×10^8

चांदी	0.0003	5×10^8
लैंथेनम	0.0003	5×10^8
क्रिप्टॉन	0.0003	5×10^8
निऑन	0.0001	150×10^6
कैडमियम	0.0001	150×10^6
टंगस्टन	0.0001	150×10^6
जीनॉन	0.0001	150×10^6
जर्मेनियम	0.00007	110×10^6
क्रोमियम	0.00005	78×10^6
थोरियम	0.00005	78×10^6
स्कैंडियम	0.00004	62×10^6
सीसा	0.00003	46×10^6
पारा	0.00003	46×10^6
बिस्मथ	0.00002	31×10^6
नायोबियम	0.00001	15×10^6
थैलियम	0.00001	15×10^6
हीलियम	0.000005	8×10^6
सोना	0.000004	6×10^6
प्रोटैक्टीनियम	2×10^{-9}	3,000
रेडियम	1×10^{-10}	150
रेडॉन	0.6×10^{-15}	12.000×10^9

समुद्र से प्राप्त रसायनों का विवरण निम्नांकित हैं।

1. नमक – सागर के पानी में सर्वाधिक घुला लवण नमक ही है। इसके विषय में विस्तृत जानकारी इस पुस्तक में आगे वर्णित की गई है।

2. मैग्नीशियम – मैग्नीशियम भू–पर्पटी में सबसे अधिक पाया जानेवाला आठवाँ मुख्य तत्त्व है और सागर के जल में इसकी सांद्रता बहुत अधिक होती है। वस्तुतः यह एक हलकी धातु है जो अनेकों उद्योगों में बड़े पैमाने पर उपयोग की जाती है। इसके

लवणों का उपयोग सीमेंट, रबर, कपड़ा और इमारत निर्माण में किया जाता है। वर्तमान में इसका उपयोग वायुयान तथा अंतरिक्ष–यान निर्माण के उद्योगों में दिनों–दिन बढ़ रहा है।

यद्यपि समुद्री जल में मैग्नीशियम की सांद्रता स्थलीय जमावटों की अपेक्षा बहुत कम है, परंतु उसके थलीय अयस्क में बहुत अधिक अपद्रव्य मौजूद होते हैं। इसलिए मैग्नीशियम लवण समुद्री जल से ही निष्कर्षित किए जाते हैं। वस्तुतः द्वितीय विश्वयुद्ध के दौरान वायुयान के फ्रेमों आदि के निर्माण हेतु मैग्नीशियम मिश्र–धातुओं के लिए उसे प्राप्त करने का एकमात्र स्रोत समुद्री जल ही था। हमारे देश में मैग्नीशियम की कुल वार्षिक माँग का 50 प्रतिशत भाग समुद्री जल से ही प्राप्त किया जाता है। इसके लिए देश में ही विकसित विद्युत् अपघटन तकनीक का उपयोग किया जाता है।

समुद्री जल से मैग्नीशियम लवण प्राप्त करने के लिए उसमें एक उपयुक्त ऐल्कली मिलाई जाती है। इससे मैग्नीशियम लवण हाइड्रॉक्साइड के रूप में अवक्षेपित हो जाते हैं तथा वे स्लरी बना लेते हैं। इस स्लरी को बॉयलर स्टैक गैस से कार्बोनेटित करने पर उच्च शुद्धता के मैग्नीशियम लवण प्राप्त होते हैं। ये लवण रासायनिक और औषधि निर्माण उद्योगों में इस्तेमाल किए जाते हैं।

सागर के जल से मैग्नीशियम धातु प्राप्त करने के लिए अवक्षेपित मैग्नीशियम हाइड्रॉक्साइड को मैग्नीशियम क्लोराइड में परिवर्तित कर लिया जाता है, जिसके विद्युत् अपघटन से मैग्नीशियम और क्लोरीन की प्राप्ति होती हैं। उपर्युक्त तकनीक में मैग्नीशियम हाइड्रॉक्साइड का पूर्व उपचार आवश्यक होता है। इससे अवशोषित बोरॉन, जो विद्युत् अपघटन के दौरान मैग्नीशियम सेल में व्यवधान उत्पन्न करता है, पृथक हो जाता है।

3. ब्रोमीन – वस्तुतः थल पर ब्रोमीन के लवण बहुत बड़े क्षेत्र में विद्यमान है, परन्तु उनकी सांद्रता बहुत कम (10 लाख भाग में 0. 1 भाग जैसी अत्यल्प) है। इनकी अपेक्षा सागर के जल में ब्रोमीन लवणों की सांद्रता बहुत अधिक है। समुद्री जल में घुले तत्त्वों में ब्रोमीन का क्रम नौवाँ है। उसमें ब्रोमीन की औसत सांद्रता 10 लाख भाग में 67 भाग है। इस प्रकार समुद्री जल ब्रोमीन का एक मुख्य स्रोत है।

ब्रोमीन लाल–कत्थई रंग की दुर्गंधयुक्त द्रव हैलोजन है। जो कीटनाशी की भाँति उपयोग की जाती है। यह आग बुझानेवाली युक्तियों, धूमकों (फ्यूमिगेंट) तथा द्रवचालित युक्तियों में भी प्रयुक्त होती है; परंतु इसकी सबसे अधिक मात्रा – कुल उत्पादन का 75% भाग – ऐथीलीन ब्रोमाइड के उत्पादन में उपयोग की जाती है।

समुद्री जल से ब्रोमीन प्राप्त करने की पृष्ठभूमि में एक नाटकीय घटना है। जब मोटरवाहनों के इंजनों में लगनेवाले झटकों को रोकने के लिए पेट्रोल में सीसे के यौगिक मिलाए जाने लगे थे, तब ब्रोमीन की माँग में भी वृद्धि होने लगी थी। उस समय संयुक्त राज्य अमेरिका की एथिल गैसोलिन कंपनी ने समुद्री जल से ब्रोमीन प्राप्त करने के प्रयत्न किए। ये पहले सफल प्रयत्न थे। इसके लिए जो विधि अपनाई गई उसमें समुद्री जल को क्लोरीन और एनिलीन के साथ उपचारित किया जाता था, जिससे ट्राई ब्रोमोएनिलीन अवक्षेपित हो जाती थी। उससे बाद में ब्रोमीन प्राप्त की जाती थी। प्रयोगशाला में और लघु पायलट प्लांट स्तर पर सफलता मिलने के बाद इस तकनीक से बड़े पैमान पर ब्रोमीन प्राप्त करने के लिए 4,200 टन का और 85 मीटर लंबा एक विशेष जहाज बनाया गया और उसपर कारखाना लगाया गया। इस कारखाने में लगे यंत्र 25,000 लीटर समुद्री जल प्रति मिनट उपचारित कर सकते थे। यह कारखाना समुद्री जल में उपस्थित ब्रोमीन की 59 प्रतिशत मात्रा निष्कर्षित कर सकता था। इसके बावजूद भी यह प्रयास आर्थिक रूप से सफल नहीं समझा गया। अतएव इसे रोक दिया गया।

वर्तमान में ब्रोमीन का कुल वार्षिक उत्पादन 1,32,000 टन है। इसमें से समुद्री जल से 36,000 टन माल प्राप्त किया जाता है।

कुछ ब्रोमीन लवण समुद्री जल से नमक प्राप्त करते समय अवक्षेपित हो जाते हैं। इसीलिए तटीय लैगूनों और लवण कच्छों (साल्ट मर्शिज) में ब्रोमीन की सांद्रता बहुत अधिक पाई जाती है। इसका सर्वोत्तम उदाहरण है – हमारी कच्छ की खाड़ी (कच्छ का रन)। 1,800 वर्ग कि०मी० में फैला यह क्षेत्र वर्षा ऋतु में खारे जल से भर जाता है। इस क्षेत्र से व्यावसायिक पैमाने पर ब्रोमीन प्राप्त की जाती है।

4. पोटैशियम – समुद्री जल में सबसे अधिक मात्रा में घुले तत्त्वों में पोटैशियम का स्थान छठा है। पोटैशियम लवण पौधों को आवश्यक पोषक तत्त्व प्रदान करते हैं। इस कारण उन्हें उर्वरक के रूप में भी उपयोग किया जाता है और इन्हें बड़े पैमाने पर समुद्री जल से प्राप्त किया जाता है। इसके लिए समुद्री जल में से नमक (सोडियम क्लोराइड) को अलग करने के पश्चात् शेष बचे घोल को उपचारित किया जाता है।

समुद्री जल से साल्ट बिटर्न प्राप्त करने के लिए उसे दो चरणों में उस समय तक वाष्पित किया जाता है, जब तक उसका घनत्व 1.35 ग्राम प्रति घन से०मी० तक नहीं हो जाता है। बिटर्न में पोटैशियम, कैल्सियम और मैग्नीशियम के अनेक लवण घुले होते हैं। इससे दो चरणों में पोटैशियम लवण प्राप्त किए जाते हैं। इसकी शुद्धता 97–98 प्रतिशत तक होती है।

अब इस प्रक्रम को केंद्रीय नमक और समुद्री रसायन संस्थान (सीएसएमसीआरआई), भावनगर ने संशोधित किया गया है। आज यह प्रक्रम संपूर्ण विश्व में मान्यता प्राप्त है और इससे व्यावसायिक स्तर पर पोटैशियम लवण प्राप्त किए जा रहे हैं। पोटैशियम विषयक विस्तृत जानकारी भी इस पुस्तक में आगे वर्णित की गई है।

5. सोना – समुद्री जल में घुले तत्त्वों में सोना भी शामिल है। सोना जेवरात बनाने की दृष्टि से तो महत्त्वपूर्ण है ही, अंतरराष्ट्रीय व्यापार में भी इसका बहुत महत्व है। जब लोगों को यह मालूम हो जाए कि सोना सागर के जल में भी उपस्थित है, तब उसे प्राप्त करने के प्रयत्न किए जाने भी स्वाभाविक हैं, और ऐसा हुआ भी है। समझा जाता है कि विगत 100 वर्षों में समुद्री जल से सोना प्राप्त करने की 150 से भी अधिक विधियाँ विकसित करने के प्रयास किए गए और इन विधियों को पेटेंट भी कराया गया, परंतु इनमें से एक भी विधि आर्थिक रूप से सफल सिद्ध नहीं हुई।

इस संबंध में अविश्वसनीय प्रतीत होनेवाली एक सच्ची घटना यह भी है कि एक महान वैज्ञानिक ने इस बारे में प्रयत्न किए थे। ऐसा करनेवाले वैज्ञानिक थे – फिट्ज हेबर, जिन्हें अमोनिया संश्लेषण की व्यावसायिक विधि विकसित करने के लिए नोबेल पुरस्कार प्रदान किया गया था। हेबर जर्मनी के निवासी थे। उन्होंने

प्रथम विश्वयुद्ध के बाद अपने देश, जर्मनी, पर थोपे गए हर्जाने को चुकाने के लिए ऐसे प्रयत्न किए थे।

उनसे पूर्व स्वीडिश वैज्ञानिक स्वांते आरहीनियस भी ऐसे प्रयत्न कर चुके थे और उनके द्वारा निकाले गए निष्कर्षों को आधार मानकर ही हेबर ने इस दिशा में प्रयत्न आरंभ किए थे।

हेबर के प्रयोगों के लिए समुद्री जल के नमूने एकत्रित करने हेतु जलयान 'हंसा' पर एक विशेष प्रयोगशाला स्थापित की गई थी। इस जलयान ने हैमबर्ग से न्यूयॉर्क तक दो यात्राएँ कीं। तीसरी यात्रा वर्टेम्बर्ग जलयान से ब्यूनस आयर्स तक की और इसी जलयान ने चौथी यात्रा उत्तर सागर तक की। इन यात्राओं के दौरान एकत्रित किए गए समुद्री जल के नमूनों से सोना निकालने के प्रयत्न किए गए, परन्तु उनसे प्राप्त परिणाम निराशाजनक ही रहे। इनसे अंत में हेबर ने यह निष्कर्ष निकाला कि समुद्री जल में सोने की सांद्रता अत्यन्त कम (0.004 मि०ग्रा० प्रति टन) है। वह अनुमानित मात्रा से लगभग एक हजार गुनी कम है। इसलिए समुद्री जल से सोना प्राप्त करना आर्थिक रूप से लाभदायक नहीं है। ऐसा करना थलीय भंडारों से सोना निकालने की तुलना में बहुत महँगा पड़ता है। अंत में हेबर ने भी अपने प्रयोग बंद कर दिए।

6. यूरेनियम – अणु–रियेक्टरों के लिए ईंधन के रूप में और अणु आयुधशाला के एक घटक के रूप में यूरेनियम की उपयोगिता के कारण इस धातु का विशेष महत्त्व है। समुद्री जल में इसकी अपेक्षाकृत अधिक प्राचुरता के कारण (3.2 भाग प्रति अरब) तकनीकी –दृष्टि से इस ओर बहुत ध्यान दिया गया है। उन देशों ने विशेष रूप से ध्यान दिया है, जहाँ इस धातु की निश्चित आपूर्ति नहीं है। अभी हाल ही में जापान में समुद्री जल से यूरेनियम प्राप्त करने की सूचना प्राप्त हुई है।

7. लीथियम – वर्तमान में लीथियम धातु तथा उसके यौगिकों की औद्योगिक क्षेत्र में मांग बढ़ती जा रही हैं उदाहरण के तौर पर यह ऊष्मा रूपांतरण प्रक्रम तथा इलेक्ट्रोलिटिक प्रक्रमों में बहुत उपयोगी है। समुद्र में लीथियम 0.17 मि.ग्रा. लीटर की मात्रा में पाया जाता है। समुद्री जल में से नमक उत्पादन के बाद जो बिटर्न निकलता है उसमें लीथियम की मात्रा लगभग सौ गुना बढ़ सकती

है। इस प्रकार बिटर्न लीथियम उत्पादन का बहुत अच्छा स्रोत हो सकता है।

8. पेयजल – मनुष्य तथा अन्य जीवों के लिए पेयजल अत्यंत महत्वपूर्ण है; उसके बिना वे जीवित नहीं रह सकते हैं। जैसा कि विदित है कि पृथ्वी पर उपस्थित जल की कुल मात्रा का मात्र 1 प्रतिशत भाग ही पेयजल के रूप में उपयोग किया जा सकता है और विश्व की द्रुत गति से बढ़ती जनसंख्या के संदर्भ में उसकी मात्रा दिनोंदिन कम पड़ती जा रही है। अतः पेयजल की मात्रा में बढ़ोतरी के लिए हमारा ध्यान निश्चय ही सागर, जिसमें पृथ्वी पर मौजूद जल की कुल मात्रा का 97 प्रतिशत भाग उपस्थित है, की ओर जाता है। परंतु समुद्री जल में लवणों की बहुत अधिक मात्रा घुली हुई है। इसलिए पेयजल में परिवर्तित करने के लिए उसमें से लवणों को अलग करना आवश्यक है।

समुद्री जल से पेयजल प्राप्त करने की अनेक प्रौद्योगिकियाँ विकसित की गई हैं। इनमें से कुछ प्रमुख निम्नांकित हैं।

सौर स्टिल

इसमें एक बॉक्स जैसे कक्ष में काँच का पैनल लगा होता है। इस कक्ष में समुद्री जल भरकर धूप में इस प्रकार रखा जाता है कि पैनलों पर धूप पड़े। धूप की गरमी से जल, वाष्प में परिवर्तित हो जाता है। यह वाष्प नलियों में से गुजरती हुई एक अन्य कक्ष में जाकर द्रवित हो जाती है परन्तु समुद्री जल में घुले लवण पहलेवाले कक्ष में ही रह जाते हैं।

समुद्री जल से पर्याप्त मात्रा में पेयजल प्राप्त करने के लिए अनेक सौर स्टिलों को एक साथ उपयोग किया जाता है।

सौर स्टिल सस्ता उपकरण है और उसे इस्तेमाल करना भी सरल है। साथ ही, उसके लिए बिजली अथवा किसी अन्य ईंधन की आवश्यकता नहीं होती है। इसलिए वह समुद्री तट पर स्थित ऐसे गाँवों/कस्बों के लिए, जिनमें ताजे जल की कमी होती है, बहुत उपयुक्त है। गुजरात के एवनिआ गाँव में 5000 लीटर प्रतिदिन पेयजल तैयार करनेवाला एक सौर स्टिल लगभग 500 परिवारों को पेयजल आपूर्ति कर रहा है।

स्फुर आसवन (फ्लैश डिस्टीलेशन)

इस विधि में गरम समुद्री जल को ऐसे कक्षों जिन्हें अलग–अलग, परंतु वायुमंडल से कम दाब पर रखा जाता है की शृंखला में से प्रवाहित कराया जाता है। शृंखला के अंतिम सिरे की ओर दाब कम होता जाता है। इससे हर कक्ष में जल वाष्पित होता रहता है और वाष्प को ठंडे जल से भरी नलियों के ऊपर से लाया जाता है। इससे वाष्प ठंडी होकर जल में परिवर्तित हो जाती है। इस प्रकार के जल को एकत्रित कर लिया जाता है।

विद्युत् अपोहन (इलेक्ट्रोडायलिसिस)

इस तकनीक में विलवणीकरण (डिसेलीनेशन) के लिए आयन वरणात्मक झिल्ली (Ionselective membrane) का उपयोग किया जाता है। यह तकनीक उस जल के आसवन के लिए ही, जिसकी लवणता 500 भाग प्रति एक लाख भाग से कम होती है, आर्थिक रूप से लाभदायक होती है। जल की लवणता जितनी अधिक होगी उससे पेयजल प्राप्त करने में उतनी ही अधिक ऊर्जा खर्च होगी। इस प्रकार उस जल के, जिसकी लवणता 500 भाग प्रति एक लाख भाग से अधिक होती है, विलवणीकरण पर ऊर्जा की खपत आर्थिक रूप से लाभदायक नहीं होती है। इस तकनीक में समुद्री जल को विद्युत् अपघट्य (इलेक्ट्रोलाइट) के रूप में प्रयुक्त किया जाता है। उसमें इलेक्ट्रोड डालकर विद्युत्धारा प्रवाहित की जाती है।

प्रतिलोम परासरण (Reverse Osmosis)

यह सबसे अधिक उपयोग की जाने वाली विलवणीकरण तकनीक है। इसमें उपयुक्त परासरी (Osmotic) झिल्लियाँ इस्तेमाल की जाती हैं, जो जल में घुले लवणों को रोक देती हैं, परंतु जल को प्रवाहित होने देती हैं। इस तकनीक से कार्य करनेवाले 50,000 से लेकर एक लाख लीटर जल प्रतिदिन विलवणित करनेवाले अनेक संयंत्र विभिन्न गाँवों में स्थापित किए जा चुके हैं।

इस तकनीक पर किए गए अनुसंधान और विकास के प्रयास न केवल समुद्री जल के विलवणीकरण के लिए, वरन् रसायनों और

गैस मिश्रणों के विलगावन और सांद्रण हेतु भी बहुत उपयोगी पाए गए हैं। यह तकनीक सरल है और इसमें ऊष्मा की आवश्यकता नहीं होती है। इसका सबसे महत्वपूर्ण अंग है अर्धपारगम्य झिल्ली (Semi Permeable membrane)।

इसमें घुले लवणों को जल से अलग करने का कार्य द्रव का दाब ही करता है। यह एक सस्ती तकनीक है और इसके लिए संयंत्रों की स्थापना तथा देखभाल पर बहुत कम खर्च करना पड़ता है। यह ग्रामीण परिस्थितियों में भी आसानी से कार्य कर सकती है। पंप को डीजल इंजन या बिजली की मोटर से चलाया जाता है, परन्तु जरूरत पड़ने पर उसे हाथ से भी चलाया जा सकता है।

अब तक विभिन्न राज्यों में अनेक प्रतिलोम परासरण यंत्र (चित्र–6) लगाए जा चुके हैं। अब चल (मोबाइल) संयंत्र बनाए जा रहे हैं।

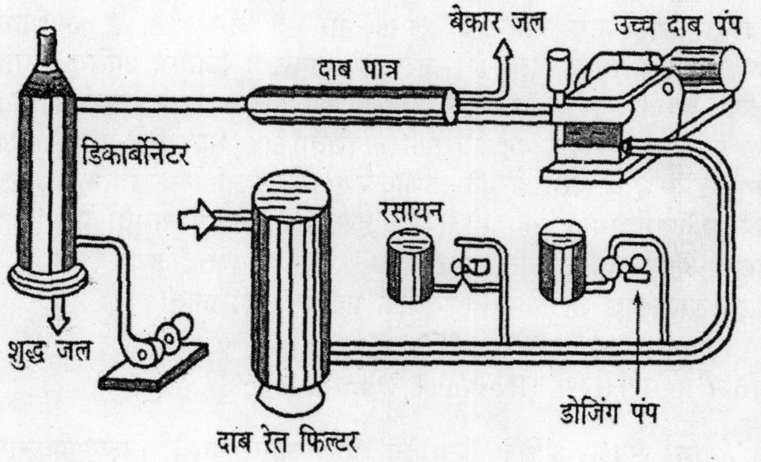

चित्र – 6. समुद्री पानी को पेयजल में परिवर्तित करने का संयंत्र

केन्द्रीय नमक और समुद्री रसायल अनुसंधान संस्थान, भावनगर, ने इस तकनीक का 20 वर्ष से अधिक समय तक गहन अध्ययन किया है, जिसके फलस्वरूप बहुत जानकारी प्राप्त हो गई है। उसके आधार पर पॉलीमरों को संश्लेषित किया जा सकता है, विभिन्न उपयोगों के लिए झिल्लियाँ बनाई जा सकती हैं, विभिन्न परिस्थितियों में कार्य करने के लिए प्रतिलोम परासरण संयंत्रों के

डिज़ाइन तैयार किए जा सकते हैं और उन्हें चलाया जा सकता है। साथ ही यह संस्थान अन्य संस्थाओं को तकनीकी परामर्श भी देता है।

केन्द्रीय नमक और समुद्री रसायन अनुसंधान संस्थान ने विभिन्न आकारों के प्रतिलोम परासरण संयंत्र हेतु भारत हैवी इलैक्ट्रिकल्स लिमिटेड, हैदराबाद और एरो टैक्नोलॉजी, अहमदाबाद को इस दिशा में जानकारी प्रदान की है। भारत हैवी इलैक्ट्रिकल्स लिमिटेड ने एक दर्जन से भी अधिक स्थिर तथा चल प्रतिलोम संयंत्रों का निर्माण कर उन्हें विभिन्न राज्यों में भेजे हैं।

राजस्थान के बाड़मेर जिले में उत्तरलाई स्थित भारतीय वायुसेना केन्द्र में लगभग 8000 जनसंख्या है तथा वहाँ पानी की विकट समस्या है। एक ही कुएँ से जो पानी मिलता है वह भी लवणीय तथा फ्लोराइड युक्त है। इस क्षेत्र की पेयजल आवश्यकता को पूरी करने के उद्देश्य से वायुसेना स्टेशन में लवणीय जल को पेयजल में परिवर्तित करने के लिए 800 लीटर प्रतिघंटे की क्षमतावाला संयंत्र (चित्र – 7) लगाया गया।

चित्र – 7 बाड़मेर में स्थापित विलवणीकरण आर०ओ० प्लांट

200 पीएसआई दाब पर, 90–92 प्रतिशत लवण एवं फ्लोराइड हटाकर, 250 मिग्रा प्रति लीटर टीडीएस वाला पेयजल उपलब्ध कराता है। इस उत्पादित जल को बोतलों में भरकर वायुसेना स्टेशन के कर्मचारियों को वितरित किया जाता है। पानी की बढ़ती मांग को ध्यान में रखते हुए हाल ही में 2500 लीटर प्रति घंटा की क्षमतावाला दूसरा संयंत्र 2 सितम्बर 2005 में स्थापित करके चालू किया गया है। यह संयंत्र 8" व्यासवाले दो झिल्लियों के मोड्यूल के साथ परिचालित है।

इसी प्रकार चैन्नई स्थित सीपीसीएल में, गंदेपानी (सीवेज) को उपचारित करने के लिए केन्द्रीय नमक एवं समुद्री रसायन अनुसंधान संस्थान, भावनगर ने स्वदेशी सामग्री से विकसित पतली संघटित फिल्म (टीएससी) झिल्लीवाला प्रोटोटाइप आर०ओ० यूनिट (चित्र – 8) का वर्ष 2000 में प्रदर्शन किया गया। चैन्नई में इस प्रौद्योगिकी का प्रदर्शन, इस प्रौद्योगिकी के वाणिज्यिक उपयोग का शुभारंभ साबित हुआ।

चित्र – 8. सीपीसीएल, चैन्नई में स्थापित विलवणीकरण आर०ओ० प्लांट

इस संयंत्र के लिए सेंटर फॉर हाई टेक्नोलॉजी, नई दिल्ली द्वारा, स्वदेशी झिल्ली पर आधारित एक मिलियन लीटर प्रतिदिन की क्षमतावाले संयंत्र को स्थापित करने के लिए 60 लाख का प्रोजेक्ट तैयार किया गया। सीपीसीएल में यह संयंत्र नवम्बर 2003 में

स्थापित किया गया और इसमें 200 मि.मी. (8″ व्यास) × 1 मीटर आकार के सर्पिल मॉड्यूल लगाये गये हैं। इस संयंत्र द्वारा 2000 पीएसआई दाब पर 75 प्रतिशत उत्पादित जल की पुनः प्राप्ति की जा रही है। सीएसएमसीआरआई द्वारा लगाये गये इस आर०ओ० संयंत्र द्वारा 2000 पीपीएम वाले जल में से 150 पीपीएम वाला उत्पादित जल प्राप्त होता है। लवण व क्षार हटाना, उत्पादन दर तथा पुनः प्राप्ति की दृष्टि से आयातित झिल्लियों की तुलना में इस संस्थान की स्वदेशी झिल्ली का कार्य बहुत अच्छा रहा। चित्र–9 में विलवणीकरण की झलक को तथा चित्र – 10 में प्रतिलोम परासरण का रेखांकन किया गया है।

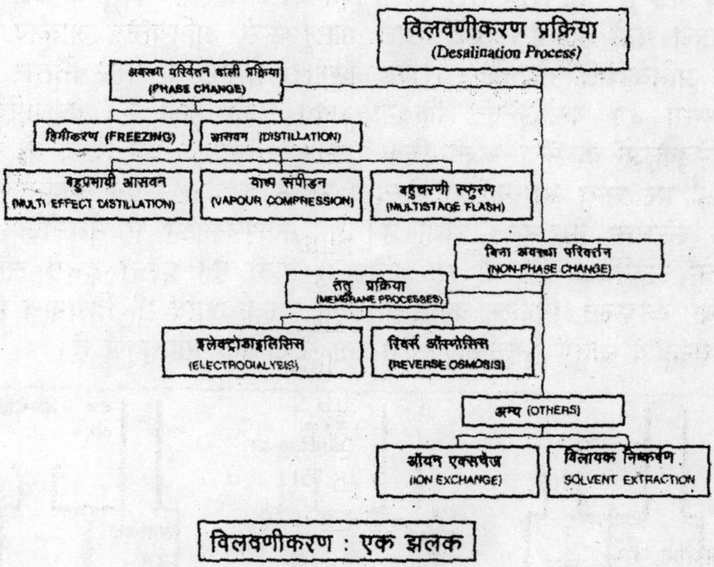

चित्र – 9. विलवणीकरण की झलक

बहुधात्विक पिण्डिकाएँ

आज जब विश्व की जनसंख्या लगातार बढ़ रही है और भूमि पर संसाधनों की मात्रा सीमित है जो बढ़ती आवश्यकताओं के लिए अपर्याप्त है, ऐसी परिस्थिति में सागरों का महत्व और अधिक बढ़ जाता है। अभी तक के सर्वेक्षण परिणामों ने यह सिद्ध कर दिया है

कि हमारी भविष्य की जरूरतों के लिए सागर एक अच्छा विकल्प बन सकते हैं। लगभग सवा सौ वर्ष पूर्व ब्रिटिश नौसेना के जहाज एच०एम०एस० चैलेन्जर द्वारा की गई अभूतपूर्व समुद्री यात्राओं (1873–76) के दौरान बहुधात्विक पिण्डिकाओं की समुद्र में उपस्थिति का पता चला था। चूँकि, इन पिण्डिकाओं में मैंगनीज धातु की मात्रा अधिक होती है, अतः इन्हें पहले मैंगनीज पिण्डिकाएँ कहा गया। नवीन शोध निष्कर्षों के अनुसार, इन पिण्डिकाओं में महत्वपूर्ण 40 धातुएँ पाई गई हैं। अतः अब इन्हें "खनिज पिण्डिकाएँ" अथवा "बहुधात्विक पिण्डिकाएँ" की संज्ञा दी गई है। ये पिण्डिकाएँ तीनों महासागरों, यथा – प्रशान्त, एटलांटिक एवं हिन्द में पाई गई हैं। सागरीय तल पर इनकी परतें नहीं हैं, परंतु ये उस पर बिखरी पड़ी हैं। इन छोटे–छोटे, आलू जैसे, अनियमित आकार के, पर अधिकांशतः गोलाकार पिण्डिकाओं से सागरों के गहरे नितल का लगभग 4.7 करोड़ वर्ग कि०मी० क्षेत्र ढका हुआ है। बहुधात्विक पिण्डिकाओं के भौत–रासायनिक गुण, इस अयस्क को विश्व के भू–खंडों पर प्राप्त अयस्कों से भिन्नता प्रदान करते हैं। इन पिण्डिकाओं की संरचना छिद्रमुक्त होती है। इन पिण्डिकाओं में मैंगनीज की मात्रा सर्वाधिक (25 से 50 प्रतिशत) होती है। परन्तु इनमें लोहा, तांबा, कोबाल्ट, निकेल, क्रोमियम तथा जस्ता आदि भी विद्यमान होते हैं तथा ये धातुएँ मैंगनीज की तुलना में अधिक महत्वपूर्ण हैं।

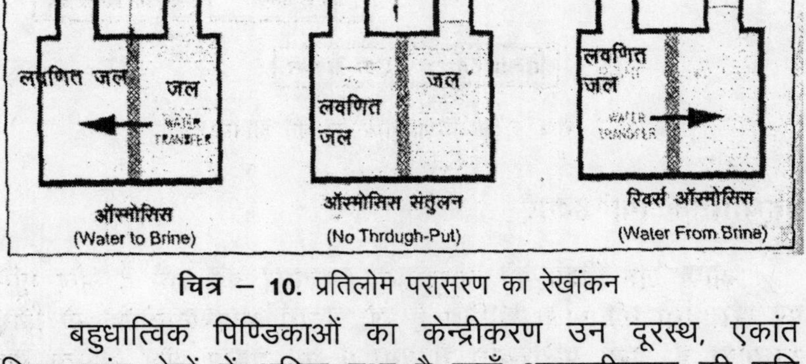

चित्र – 10. प्रतिलोम परासरण का रेखांकन

बहुधात्विक पिण्डिकाओं का केन्द्रीकरण उन दूरस्थ, एकांत स्थित शांत क्षेत्रों में अधिक हुआ है जहाँ अवसादीकरण की गति अत्यन्त धीमी हो। वैज्ञानिक अनुमानों के अनुसार, इन पिण्डिकाओं

का निर्माण समुद्री जल जीवों के अवशेषों पर भिन्न धातुओं के लवणों की परतों के जमने से होता है। ये लवण, सागरीय जल में से अवक्षेपित होकर बनते हैं। इन पिण्डिकाओं के निर्माण की गति अत्यन्त धीमी (1 से 2 मि०मी० प्रति एक हजार वर्ष) आंकी गई है। प्रशांत महासागर के तल पर ये पिण्डिकाएँ इतनी प्रचुरता में उपलब्ध है कि उनसे सम्पूर्ण विश्व की मैंगनीज की आवश्यकता 4 लाख वर्षों तक, कोबाल्ट की 2 लाख वर्षों तक, ऐलुमिनियम की 20.4 हजार वर्षों तक तथा तांबे की 6 हजार वर्षों तक पूरी हो सकेगी। इसके अतिरिक्त 20700 करोड़ टन लोहा, 11300 करोड़ टन सीसा तथा 2500 करोड़ टन मैग्नीशियम आदि भी प्राप्त हो सकते हैं।

प्याज के समान गोलेदार, अनेक परतों की बनी अधिकतर बहुधात्विक पिण्डिकाओं की रासायनिक एवं भौतिक प्रक्रियाओं के बारे में यद्यपि हमें अनेक जानकारी है, परंतु फिर भी समुद्री जीवाश्म के सम्बन्ध में विशेषतः बहुधात्विक पिण्डिकाओं के उत्पादन पर पड़नेवाले प्रभावों की जानकारी कम है।

बहुधात्विक पिण्डिकाओं के खनन सम्बन्ध प्रारंभिक ज्ञान हमें अमेरिका, जर्मनी व फ्रांस जैसे राष्ट्र द्वारा किए गए प्रयोगों से प्राप्त हुआ। बहुधात्विक पिण्डिकाओं के निष्कर्षण की विभिन्न विधियों को चित्र – 11 में दर्शाया गया है। ये दो प्रकार की होती हैं – प्रत्यक्ष एवं अप्रत्यक्ष विधियाँ।

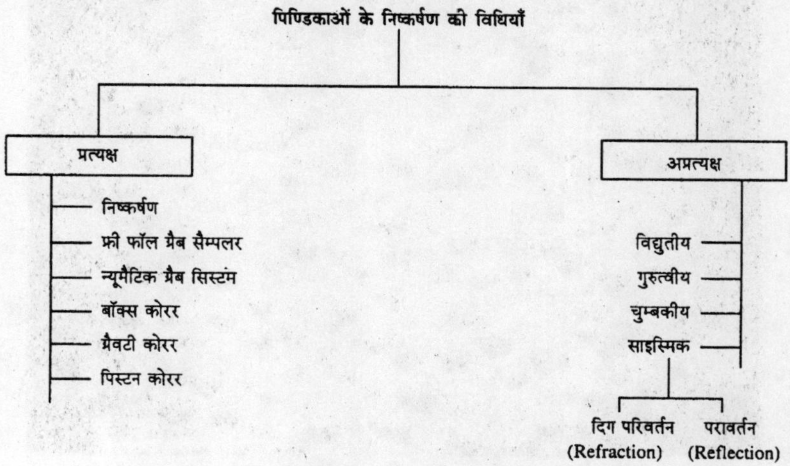

चित्र – 11. पिण्डिकाओं के निष्कर्षण की विधियाँ

प्रत्यक्ष विधियों में मुख्य विधियाँ हैं –

(i) निष्कर्षण (ii) फ्री–फाल ग्रैब सैम्पलर (iii) बॉक्स कोरर (iv) न्यूमैटिक ग्रैब सिस्टम (v) ग्रैवटी कोरर (vi) पिस्टन कोरर

अप्रत्यक्ष विधियों में मुख्यतः भू–भौतिकी विधियों का उपयोग होता है। इसमें प्रमुख निम्नलिखित हैं।

(अ) विद्युतीय (ब) गुरुत्वीय

(स) चुम्बकीय (द) भूकम्पीय

बहुधात्विक पिण्डिकाओं के अत्यधिक भावी आर्थिक महत्व को देखते हुए सागरीय विधि पर आयोजित संयुक्त राष्ट्र के तृतीय सम्मेलन में 30 अप्रैल, 1982 को एक विशिष्ट प्रस्ताव पारित किया गया। इसके अनुसार चार देशों, यथा – भारत, फ्रांस, जापान, रूस तथा चार बहुराष्ट्रीय कंपनी संगठनों को गहरे सागर से बहुधात्विक पिंड निकालने के संदर्भ में अग्रणी निवेशक के रूप में मान्यता प्रदान की गई है। विश्व के विकासशील देशों में भारत ही एकमात्र देश है जिसे यह गौरव प्राप्त हुआ है। बहुधात्विक पिण्डिकाओं को चित्र–12 में तथा इनके खनन हेतु उपयोग में लाए गए क्राउलर को चित्र–13 में दर्शाया गया है।

चित्र – 12. बहुधात्विक पिंडिकाएं

चित्र – 13. क्राउलर

9. अन्य धातुएँ

गहरे समुद्रतल से बहुधात्विक और मैंगनीज पिण्डिकाओं को निकालते हुए समुद्र तल से आर्थिक दृष्टि से कई महत्वपूर्ण धातुएँ, जैसे कि मैंगनीज, तांबा, कोबाल्ट, निकेल, सीसा और जिंक आदि भी निकाली जाती हैं। प्रशान्त महासागर, अटलांटिक महासागर और हिंद महासागर की अतल गहराइयों के बहुत अधिक क्षेत्र में ये धातुएँ फैली हुई हैं। जब सब स्थलीय अयस्कों की उपलब्धता समाप्त हो जायेगी। तब कुछ तत्वों का अत्यधिक सान्द्रण इन धातुओं की प्राप्ति के प्रति आकर्षण उत्पन्न करेगा। भारत सहित कई देशों ने इन भंडारों की पहले ही खोज कर ली है और भविष्य में इनका व्यापारिक दोहन करने की तैयारी में हैं।

10. जीव–जंतुओं में संचित खनिज

खनिज केवल सागर के नीचे, उसकी तली पर अथवा उसके पानी में ही उपस्थित नहीं होते, वे सागर के विविध जीवों के शरीर में भी संचित होते रहते हैं। सागर के पानी में उन लवणों की, जो रंचों में – एक भाग प्रति दस लाख भाग या उससे भी कम मात्रा में विद्यमान होते हैं, सांद्रता का नियंत्रण तो जीव–जंतु ही करते हैं। अनेक समुद्री जीवों में इन रंच लवणों को अपने शरीर में संचित

करने की विलक्षण क्षमता होती है। कुछ "सी स्कर्ट" जैसे जीव अपने आसपास के समुद्री जल की तुलना में 2,80,000 गुना अधिक वैनेडियम संचित कर सकते हैं। प्लांक्टन और समुद्री शैवाल भी इसी प्रकार के जीव है। उदाहरण के लिए शैवालों को जलाने पर उनकी राख के एक किलोग्राम में 560 मिलीग्राम वैनेडियम, 1000 मिलीग्राम लोहा, 3000 मिलीग्राम टाइटेनियम, 50 मिलीग्राम आयोडीन और 0. 0014 मिलीग्राम सोना आदि पाए गए हैं। अनेक समुद्री जंतुओं को अपनी शारीरिक क्रियाओं के लिए धातुओं की आवश्यकता होती है। उदाहरणार्थ लोबस्टर को अपने रक्त में तांबे की उसी प्रकार आवश्यकता होती है, जैसे हमें लोहे की होती है। मृत मछलियों की हड्डियों में भी धातुएँ संचित होती रहती हैं। एक किलोग्राम हड्डियों में 700 मिलीग्राम सीसा, 1000 मिलीग्राम टिन तथा 3000 मिलीग्राम तांबा आदि पाए गए हैं।

समुद्री शैवाल – बहुपयोगी संपदा

पृथ्वी पर एक तिहाई भाग समुद्री जल से भरा हुआ है, जिसमें पाई जाने वाली वनस्पति मुख्यतः शैवाल (Algae) होती है। जो शैवाल समुद्र में पाया जाता है, उसे समुद्री शैवाल या अंग्रेजी में सी–विड्स (Sea Weeds) कहते हैं। ये प्रायः खड़े आकार के होते हैं, जो हरे, भूरे और लाल रंग के रूप में समुद्री तट पर देखे जा सकते हैं। वस्तुतः ये समुद्री शैवाल क्लोरोफाइसी (Chlorophyceae), फियोफाइसी (Phaeophyceae) एवं रोडोफाइसी (Rhodophyceae) वर्ग के सदस्य हैं।

भारतवर्ष की भौगोलिक स्थिति का यदि अवलोकन किया जाय तो यह देश भूमध्य रेखा के उत्तर में 8°4′ और 37°6′ के उत्तर अक्षांश रेखा (Latitude) और 68°7′ एवं 97°25′ पूर्व देशान्तर रेखा (Longitude) में स्थित है।

दक्षिण–पश्चिम में इसकी सीमाएँ अरब सागर और दक्षिण पूर्व में बंगाल की खाड़ी से स्पर्श करती हैं। उत्तर, उत्तर–पूर्व और उत्तर–पश्चिम में इस देश की सीमाएँ हिमालय की बर्फीली पर्वतमालाओं से ढकी हैं और दक्षिण में सुदूर सिरा, कन्याकुमारी के चरणों को, हिंद महासागर धोता रहता है। हमारे देश के समुद्री तट

की लंबाई 7,561.5 कि०मी० है जो कि एक त्रिकोणाकार रूप में पश्चिम में गुजरात, महाराष्ट्र, कर्नाटक, केरल एवं पूर्व में तमिलनाडु, आंध्रप्रदेश एवं उड़ीसा होते हुए पश्चिम बंगाल तक 8 राज्यों को छूती है। इसके अतिरिक्त लक्षदीप और अंडमान तथा निकोबार द्वीप समूह भी इसकी भौगोलिक सीमा में आते हैं।

समुद्री शैवाल विविध आयामी उपयोगिताओं के प्रदाता हैं। इसमें भूरे तथा लाल शैवाल पॉलीसेकेराइड के कारण विशेष महत्व रखते हैं। क्लोराफाइसी वर्ग के क्लोरोकोकेल्स (Chlorococales) समूह की प्रजातियाँ क्लोरेला (Chlorella), कारासियम (Carraceum), असिस्टिस (Oocystis) एवं अल्वेल्स (Ulvales) समूह की सभी प्रजातियाँ समुद्री होती हैं। फियोफाइसी अर्थात् भूरे शैवाल उसमें उपस्थित प्लवक फ्यूकोजेन्थिन के कारण सुनहरे भूरे रंग के होते हैं। इसी प्रकार रोडोफाइसी अर्थात् लाल–शैवाल–फाइकोइरीथ्रीन प्लवक के कारण लाल रंग के होते हैं। ये शैवाल अधिकतर ध्रुवीय तथा अध्रुवीय समुद्री क्षेत्रों में पाये जाते हैं। अब तक इनकी कुल 4000 प्रजातियाँ ज्ञात हैं।

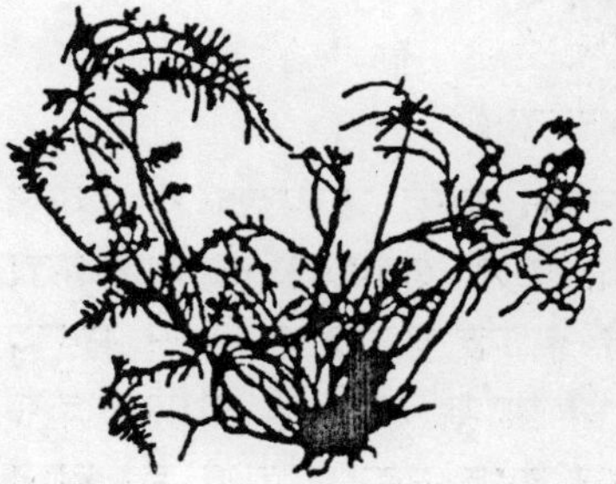

चित्र – 14. ग्रेसीलेरिया (ऐगार–ऐगार का स्रोत)

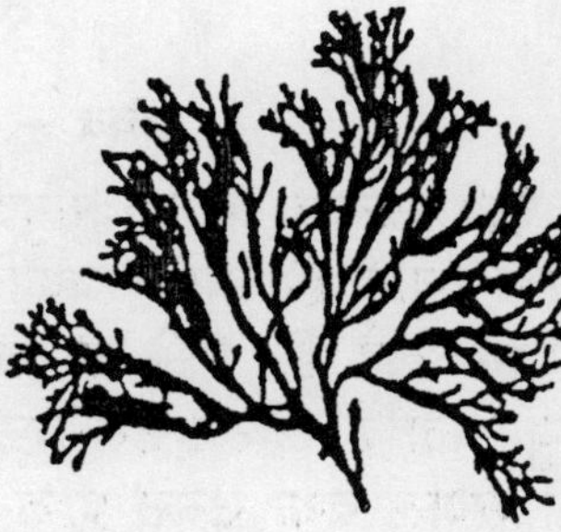

चित्र – 15. जेलीडियम

पुरातन काल में इन समुद्री शैवालों के बारे में अधिक ज्ञान नहीं था। अतः इन्हें भोजन अथवा फिर भूमि को उपजाऊ बनाने के लिए उपयोग में लाया जाता था। परंतु वर्तमान में इसका अध्ययन योजनाबद्ध हो गया है, जो कि कई वर्षों के अनुसंधानों का परिणाम है। भारतीय समुद्री तटों से ग्रेसीलेरिया (चित्र–14), जेलीडियम (चित्र–15), सारगासम (चित्र–16), हेपनिया, टर्बोनेरिया, जैसे आर्थिक

महत्व के शैवाल प्रतिवर्ष टनों में प्राप्त किए जाते हैं। औद्योगिक उत्पादक ऐगार–ऐगार, एल्जीनेट, फेरोगिनिन जैसे महत्वपूर्ण उत्पाद समुद्री शैवाल की देन है। इस प्रकार ये समुद्री शैवाल पौधों की दुनिया में महत्वपूर्ण स्थान रखते हैं, जो भिन्न–भिन्न तरीकों से मानव जाति के लिए उपयोगी सिद्ध हुए हैं।

चित्र – 16. सारगासम

ऐसी मान्यता है कि समुद्र मंथन से प्राप्त कल्पवृक्ष में शैवाल की एक जाति ही होगी। क्योंकि शैवालों में कल्पवृक्ष के अधिकतर गुण पाये जाते हैं। ऐसी भी किंवदंति है कि इनके खाने से मनुष्य दीर्घायु होता है और इससे धन की भी प्राप्ति होती है क्योंकि कुछ समुद्री शैवाल तथा उनसे प्राप्त रसायन बहुत महंगे बिकते हैं। खाने योग्य सूखे शैवाल, जैसे– इन्ट्रोमोर्फा, मोनोस्ट्रोमा, पोरफायरा आदि 1200/– प्रति किलोग्राम तथा शैवालों से प्राप्त रसायन जैसे काप्पा, लोम्डा एवं आयोटा केरेजीनीन लगभग 50,000/– प्रति किलोग्राम की दर से बिकते हैं।

1. खाद्योपयोगी शैवाल – विभिन्न शैवालों की लगभग 48 जीन तथा 90 से भी अधिक प्रजातियाँ मनुष्य द्वारा विश्व के विभिन्न भागों में खायी जाती हैं (सारणी – 2)। परन्तु विशेषकर इन्ट्रोमोर्फा, मोनोस्ट्रोमा, लेमीनेरिया, उन्डेरिया, पोरफायरा तथा पामेरीआ

अधिकतर खाए जाते हैं। हमारे देश में इन्ट्रोमोर्फा, मोनोस्ट्रोमा अल्वा (चित्र–17), कोलरपना, कोडियम (चित्र–18) सारगासम, पोरफायरा, ग्रासिलेरिया आदि शैवाल खाए जा सकते हैं। ये शैवाल कच्चा, पकाकर, भापकर, उबालकर, सलाद की तरह मिठाई के साथ, तलकर, सब्जी, चाय तथा अचार की तरह, सूप, अवलेह (जैली), पुडिंग, केन्डी, केक तथा टोस्ट में खाए जाते हैं। इनका उपयोग मसाला, सीजनिंग और रेलिशिंग के लिए भी होता है।

चित्र – 17. अल्वा

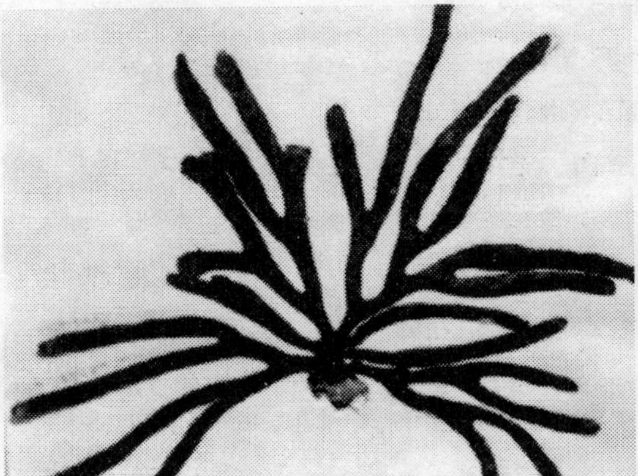

चित्र – 18. कोडियम

सारणी – 2. खाद्योपयोगी समुद्री शैवाल तथा खाने का तरीका

क्रमांक	शैवाल	खाने का तरीका
1.	एनफेल्डटिया गायगारटिनाईडिस	पका कर
2.	एलारिया एस्कुलेन्टा	कच्चा तथा पका कर
3.	एलारिया क्रासिफोलिया	पका कर
4.	एनालिपस जेपोनिकस	पका कर
5.	एन्डारसन बे–द्यामिन	प्लेजेन्ट एरोमा (सुवास)
6.	एस्कोफिलम मस्काई	भाप कर
7.	एस्पैरोगोंपसिस टैक्सीफार्मिस x	पका कर, सलाद
8.	बैन्जिया फयुस्को–पुरपुरिया	सलाद
9.	कैम्पीलिओफोरा हिप्निओडाइस	पका कर
10.	कोलरेपा रैसिमोसा x	कच्चा या सलाद
11.	कोलरेपा ओकामुराई	मन्द स्वाद
12.	कीटोमार्फा क्रासा x	पकाकर या सलाद
13.	कान्ड्रस क्रिसपस	पका कर
14.	कान्ड्रस ओसिलेटस	पका कर
15.	कोरडा फाइलम	पका कर
16.	कोडियम फ्रेजाइल	मिठाई, सूप एवं सलाद
17.	कोडियम इडयूल	पका कर
18.	कोडियम रोडी	पका कर
19.	इक्लोनिया कावा	सूप
20.	आइजेनिया बाइसाइक्लिस	सूप
21.	इन्ट्रोमार्फा क्लेथेरेटा x	कच्चा, सलाद
22.	इन्ट्रोमार्फा कम्प्रेसा x	कच्चा, सलाद
23.	इन्ट्रोमार्फा इन्टेसटाईनेलिस x	कच्चा, टोस्ट
24.	इन्ट्रोमार्फा प्रोलिफेरा x	कच्चा, टोस्ट मसाला की तरह
25.	इन्ट्रोमार्फा लिन्जा x	मसाला की तरह
26.	इयोक्मा	अवलेह (जेली), सलाद

27.	फयुकस रेसिकुलोसस	चाय
28.	जिलिडियम अमान्शि	अवलेह
29.	गाइगाटिना पेपिलेटा	पुडिंग
30.	गलोइयोपेल्टिस फरकेटा	सूप
31.	गलोइयोपेल्टिस टेनेक्स	तल कर
32.	ग्रैसिलेरिया वेरुकोसा x	कच्चा, पकाकर
33.	हेलोसेक्सियान ग्लैन्डीफार्मी	कच्चा
34.	हिज़िकिया फयूजीफॉर्मिस	कच्चा, पका कर
35.	जेलमैनिएला गायरेटा	सूप
36.	लैमिनेरिया अन्गुस्टाटा	सब्जी, कच्चा
37.	लैमिनेरिया जपोनिका	सूप, सब्जी, कच्चा
38.	लैमिनेरिया लान्जीक्रुरिस	पका कर
39.	लैमिनेरिया अन्गुस्टेटा	पका कर
40.	लैमिनेरिया जपोनिका वेराइटी ओकेटेन्सिस	पका कर
41.	लैमिनेरिया सैकेरिना	कच्चा
42.	लारेन्शिया पिनाटिफिडा	सिजनिंग
43.	मोनोस्ट्रोमा लैटिसिमम	पका कर, सूप सिजनिंग
44.	नेमेसिस्टस डेसेपिन	कच्चा, भूख वर्धक
45.	नेमेलिआन हेल्मिनथाइडिस	कच्चा, सूप
46.	निरिओसिस्टिस ल्यूटिकेना	अचार
47.	नोस्टोक	पका कर, सूप
48.	पामेरिआ पामेटा	कच्चा, पेय, रेलिश
49.	पेटोलोनिया हासिया	सूप
50.	प्लूयोरोफाइकस गार्डेनेरी	सूप
51.	पॉलिन्योरा लेटिसिमा	सूप
52.	पोरफायरा मिनिएटा	सूप, सलाद
53.	पोरफायरा निरिओसिस्टस	सूप, भाप कर
54.	पोरफायरा परफोरेटा	सूप, भाप कर
55.	पोरफायरा सबआर्बिक्युलेटा	सूप

56.	पोरफायरा टेनेरा	पका कर, सूप
57.	पोरफायरा अम्बिलिकेलिस	तल कर, भाप कर, सलाद
58.	पोरफायरा एजोएनसिस	तल कर, भाप कर, सलाद
59.	पोस्टेल्शिया पामिफॉर्मिस	भाप कर
60	सरगासम एनर्वी	सूप
61.	सरगासम फलवेलम	पका कर
62.	साइटोसाइफान लोमेन्टेरिया	सूप, सुवास
63.	अल्वा लैक्टुका x	सूप, सलाद, चाय
64.	अल्वा लिन्जा	सूप, सलाद, चाय
65.	अल्वा फरट्यूजा	सूप, सलाद, चाय
66.	उन्डारिया पिनाटिफिडा	सूप, कच्चा, भून कर

x ये शैवाल भारत में पाये जाते हैं।

रासायनिक संघटन

कुछ चुने गए विदेशी तथा भारतीय शैवालों में कार्बनिक खाद्योपयोगी तत्वों की मात्रा सारणी – 3 और सारणी – 4 में वर्णित की गई है। विदेशी शैवालों में प्रोटीन की मात्रा 6–30 प्रतिशत, शर्करा (कार्बोहाइड्रेट) 40–58 प्रतिशत तथा वसा की मात्रा 0.04 से 1.7 प्रतिशत होती है। औसतन इनकी मात्रा क्रमशः 16.0 प्रतिशत, 48.0 प्रतिशत तथा 0.67 प्रतिशत होती है। भारतीय शैवालों में प्रोटीन 9.0 – 23.0 प्रतिशत, शर्करा 30–55.0 प्रतिशत तथा वसा 0.3 से 1.4 प्रतिशत होती है। औसतन इन तीनों पदार्थों की मात्रा क्रमशः 19.0 प्रतिशत, 36.0 प्रतिशत तथा 0.9 प्रतिशत होती है। शैवालों के खाद्योपयोगी तत्वों की तुलना यदि अन्य खाद्यान्नों से की जाय तो विदित होता है कि उनमें प्रोटीन की मात्रा लगभग अन्य खाद्यान्नों जैसी ही होती है परंतु शैवालों में शर्करा, वसा तथा ऊष्मांक अन्य खाद्य पदार्थों की अपेक्षाकृत कम होता है।

अकार्बनिक लवण

भारतीय शैवालों में अकार्बनिक पोषक तत्वों की मात्रा सारणी–5 में दर्शाई गई है। इनमें सोडियम की मात्रा 0.3 – 5.66 प्रतिशत

(औसत 2.5 प्रतिशत), पोटैशियम 0.30 – 13.0 प्रतिशत (औसत 2.3 प्रतिशत), कैल्सियम 0.3 – 7.0 प्रतिशत (औसत 2.5 प्रतिशत) और फॉस्फोरस 0.1 – 0.4 प्रतिशत (औसत 0.20 प्रतिशत) होता है। अगर उनकी तुलना अन्य सामान्य खाद्यान्नों (गेहूँ, चना, पत्तागोभी, पालक) से की जाय तो ज्ञात होता है कि शैवालों में सोडियम, पोटैशियम तथा कैल्सियम की मात्रा अन्य साधारण खाद्यान्नों से बहुत अधिक होती है। परन्तु फॉस्फोरस की मात्रा में कोई अंतर नहीं होता है। ऐसा आकलन किया गया है कि 100 ग्राम शैवाल खाने से मनुष्य की सोडियम, पोटैशियम तथा मैग्नीशियम की सभी आवश्यकताएं पूरी हो सकती हैं।

सारणी – 3. विदेशी शैवालों में खाद्योपयोगी तत्वों की मात्रा

शैवाल (सूखा)	प्रोटीन प्रतिशत	वसा प्रतिशत	शर्करा प्रतिशत
इन्ट्रोमार्फा	12.4	–	53
अल्वा	14.9 – 19.3	0.04–1.7	46.2–56.6
लैमीनेरिया	5.9	1.15	41.9
उन्डारिया	9.7–15.0	0.3	37–39
पोरफायरा	25–30	0.8	40.0
ग्रेसिलेरिया	7.9	0.05	58.4

सारणी – 4. भारतीय शैवाल तथा अन्य खाद्यान्नों में कार्बनिक पोषक पदार्थ

शैवाल (सूखे रूप में)	प्रोटीन प्रतिशत	शर्करा प्रतिशत	वसा प्रतिशत	ऊष्मांक ऊष्मा/ग्रा०
इन्ट्रोमार्फा	10.0–22.6	49.7–57.1	1.0–1.7	2930–3010
मोनोस्ट्रोमा	10.3	55.6	1.1	2428
अल्वा	12–23	35.0–51.2	0.4–1.4	2940
कोलरपा	9–23	35.1	0.7	2060
सरसागम	11.5	29.5	0.3	1670
पोरफायरा	16–18	36.3	0.70	–
गेहूँ	12–1	69.4	1.7	3460
चना	20.8	59.8	5.6	3720

सारणी – 5. भारतीय शैवालों में तथा अन्य खाद्य पदार्थों में अकार्बनिक लवण

शैवाल सूखे रूप में	सोडियम प्रतिशत	पोटैशियम प्रतिशत	कैल्सियम प्रतिशत	फॉस्फोरस प्रतिशत
इन्ट्रोमार्फा	0.5–3.5	0.3–3.3	1.5–2.2	0.26–0.46
मोनोस्ट्रोमा	0.67	0.22	7.11	0.14
अल्वा	0.4–3.8	0.2–1.8	0.6–2.2	0.14–0.3
कोलेरपा	5.0	0.5–0.9	1.21–5.4	–
सरगासम	1.43–2.33	1.45–13.3	1.2–3.1	–
पोरफायरा	5.66	1.1	0.3	0.10
गेहूँ	0.02	0.28	0.04	0.31
चना	0.07	0.70	0.20	0.31
पत्ता गोभी	0.01	0.11	0.03	0.04
पालक	0.06	0.21	0.07	0.02

धातु

समुद्री शैवालों में धातुओं की मात्रा अन्य खाद्यान्नों की तुलना में कई गुना अधिक होती है। लोहे की मात्रा विशेषकर शैवालों में बहुत ही अधिक होती है। साधारण खाद्यान्नों में आयोडीन की मात्रा अत्यल्प ही होती है परन्तु शैवालों में इनकी मात्रा बहुत ही अधिक होती है। कुछ भारतीय शैवाल, जैसे – एस्पैरोगोप्सिस (चित्र – 19) में इसकी मात्रा 500 मिलीग्राम प्रति 100 ग्राम शैवाल से भी अधिक होती है। परन्तु कुछ विदेशी शैवालों में तो इसकी मात्रा 750 मिलीग्राम प्रति 100 ग्राम से भी अधिक होती है। जापान में समुद्रीय शैवाल अधिक खााने के कारण वहाँ पर गलगंड (Goitre) की बीमारी बहुत ही कम होती है। भारतीय शैवालों में कोबाल्ट की मात्रा 0.10 – 14.5 (औसत 7.0), तांबा 3.5 – 46.0 (औसत 12.63), लोहा 0.1 – 6470 (औसत 1625.0) मैंगनीज 2.0 – 3420 (औसत 960.0), निकेल 2.0 – 39.0 (औसत 13.5), जस्ता 1.0 – 81.0 (औसत 13. 97) मिलीग्राम प्रति किलोग्राम होता है। क्योंकि इन शैवालों में लवणों तथा धातुओं की मात्रा अन्य खाद्यान्नों की अपेक्षा बहुत ही अधिक पाई जाती है। अतः इनको उबालकर जीवन रक्षक घोल

बनाया जा सकता है जो कि हैजा तथा अतिसार में बहुत प्रभावी हो सकता है।

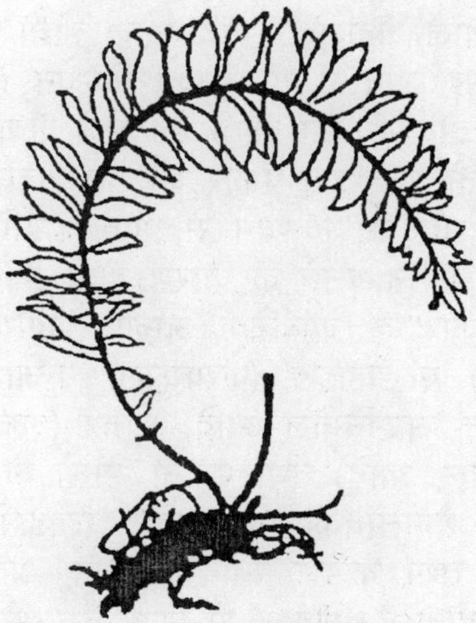

चित्र – 19. एस्पैरोगौप्सिस

विटामिन

समुद्री शैवालों में विटामिन ए, बी$_1$, बी$_2$, बी$_6$, बी$_{12}$, विटामिन सी, डी, ई, निआसीन, तथ फोलिक अम्ल आदि भी मिलते हैं। इनमें अन्य खाद्यान्नों की अपेक्षा विटामिन ए, बी$_6$, बी$_{12}$ तथा निआसीन बहुत ही अधिक होता है। परंतु विटामिन–सी तथा फोलिक अम्ल कुछ खाद्य पदार्थों में, जैसे – पालक, पत्तागोभी, टमाटर और सेब में अधिक होते हैं। भारतीय शैवालों में विटामिन के क्षेत्र में अनुसंधान कार्य कम हुआ है। कुछ शैवालों में मात्र विटामिन–सी की मात्रा का ही उल्लेख मिलता है। दक्षिण भारत में पाये जाने वाले कीटोमार्फा, क्लेडोफोरा, अल्वा, एन्ड्रोमोर्फा पडाइना, सरगासम हिप्रिया, ग्रासिलेरिया, एकेन्थोफोरा और लोरेन्शीआ में विटामिन–सी की मात्रा 0.2 – 66.6 मिलीग्राम प्रति 100 ग्राम (औसत 11.81 मि०ग्रा०) ताजा शैवाल की होती है। अल्वा फेसीएटा में इसकी मात्रा 106–170 (औसत 129.0) मिलीग्राम प्रति 100 ग्राम ताजा शैवाल की होती है। प्रजनन अंगों में इसकी मात्रा अप्रजनन अंगों से अधिक होती है।

स्वाद, महक तथा तीक्ष्णगंध

अन्य खाद्यान्नों की तरह समुद्री शैवालों में भी स्वाद तथा महक होती है। ताजे शैवालों में मंद महक होती है। परंतु जब ये पानी के बाहर रखे जाते हैं या इनका किण्वन (Fermentation) होता है तो इनमें तीव्र गंध आ जाती है। ताजे शैवालों में मछली की तरह गंध नहीं होती परंतु इस प्रकार की गंध शैवालों के किण्वन से होती है। वस्तुतः यह गंध किण्वन से प्राप्त डाईमिथाइल सल्फाइड तथा ट्राईमिथाइल एमीन बनने के कारण होती है। समुद्री शैवाल में महक विभिन्न प्रकार के कार्बनिक अम्लों (प्रोपियोनिक, एसीटिक, पायरूबिक आदि) एल्डीहाइड (फरफ्यूरल, बेन्जाल्डीहाइड, आदि) टरपीन (झेरेनिओन, साइनियोल आदि), शुगर (एल्कोहल, सोर्बोटोल, डुल्सीटोल, मेनीटोल, आदि) तथा एमीनो अम्लों के कारण होती है। इसी प्रकार कुछ शैवालों का मीठा स्वाद ग्लाइसीन तथा एलेनिन आदि के कारण तथा कड़वा स्वाद ल्युसीन, आइसोल्युसीन तथा वेलीन के कारण होता है। शैवालों में मांस जैसा स्वाद सिस्टीन तथा टॉरीन के कारण होता है।

समुद्री शैवाल से प्राप्त रसायन

प्रमुखतः समुद्री शैवाल तीन प्रकार की होती हैं जिनका वर्गीकरण उनके रंजक द्रव्यों के अनुसार लाल, भूरी एवं हरित में किया जाता है। लाल शैवाल से ऐगार–ऐगार और केरेगिनिन, भूरी शैवाल से सोडियम एल्जीनेट्स तथा हरित शैवाल से प्रोटीन प्राप्त करने का अनुसंधान किया गया है। इसके अतिरिक्त समुद्री शैवाल के अनेकानेक क्षेत्रों में उपयोग देखे गये हैं। उपर्युक्त वर्णित रसायन मात्र समुद्री शैवाल से ही प्राप्त किए जा सकते हैं। इस कारण से भी समुद्री शैवाल को समुद्री वनस्पतियों में एक विशिष्ट स्थान प्राप्त है। इस विषयक जानकारी निम्नांकित है।

(i) कैरेगिनिन– कैरेगिनिन, लाल समुद्री शैवाल की कोशाभित्ति में उपस्थित पॉलीसेकेराइड द्वारा प्राप्त किया जाता है। यह मुख्यतया तीन प्रकार के होते हैं, यथा – कप्पा (Kappa), लैम्बड़ा (Lambda) एवं अयोटा (Iota)। यह एक दूसरे से एस्टर सल्फेट एवं 3, 6 एनहाइड्रोग्लैक्टोज की संख्या एवं स्थिति के कारण भिन्न होते हैं।

कप्पा कैरेगिनिन जैल पोटैशियम आयन की उपस्थिति के कारण मजबूत एवं पारदर्शी होता है। लैम्बड़ा विस्कॉस (Viscous) विलयन बनाने में सक्षम होता है, जबकि अयोटा कैरेगिनिन कैल्सियम (Ca^{+2}) आयन की उपस्थिति के कारण इलास्टिक जैल बनाने में सक्षम होता है, क्योंकि इसकी प्रकृति आयनिक होती है, जो अधिक मात्रा में प्रोटीन प्रतिक्रिया को प्रदर्शित करते हैं। कप्पा कैरेगिनिन का महत्वपूर्ण उपयोग जैव प्रौद्योगिकी में हो रहा है। कैरेगिनिन का प्रमुख स्रोत कान्ड्रस क्रिसपस है, परन्तु आजकल यूचिमा एवं जिगारटाइना की विभिन्न प्रजातियाँ उपयोग में लाई जा रही है। उद्योगों में इसका उत्पादन आइरिश मॉस (Iris Moss) द्वारा होता है, जिसे थिक्सोट्राफी कहा जाता है। इसका उपयोग खाद्य, चाकलेट, जैलीक्रीम मिल्क, पुडिंग, पाउडर, आइसक्रीम, सलाद, पनीर में किया जाता है। यह बीयर एवं फलों के रस के किण्वन में सहायक होता है। औषधि उद्योग में इमल्सीफायर बाइडिंग कारक एवं अल्सर थिरैपी में प्रयोग होता है। कैरेगिनिन का प्रयोग पेन्टिंग में होने के कारण इसे पेन्टर माऊस के नाम से भी जाना जाता है। टैक्सटाइल उद्योग में भी भारी मात्रा में इसका उपयोग हो रहा है।

(ii) एल्जीनेट्स – सर्वप्रथम एल्जीनेट को समुद्री शैवाल लैमिनेरिया से स्टैनफोर्ड नामक वैज्ञानिक ने 1881 में निकाला था। लैमिनेरिया एक भूरा शैवाल है। एल्जिनेट में एल्जिनिक अम्ल के लवण बहुलक होते हैं। और एल्जिनिक एसिड डी–मैनुरोनिक अम्ल का कार्बोहाइड्रेट बहुलक है जो सेलुलोज के समान होता है। एल्जिनिक एसिड का मुख्य स्रोत भूरे शैवाल होते हैं जिन्हें भारत में मुख्य रूप से सरसागम से, मैक्रोसिस्टिस, लैमिनेरिया, न्यूरोसिस्टिस, फ्यूकस, एस्कोफाइलम, डर्वीलिया, अलेरिया तथा टर्बीनेरिया से भी निकाला जाता है। विश्वभर में लगभग 25,000 टन एल्जिनिक अम्ल इन्हीं शैवालों द्वारा प्राप्त होता है। स्काटलैंड, नार्वे, चीन, अमेरिका, कनाडा, जापान, चिली, फ्रांस, स्पेन जैसे देशों में इनका प्रचुर मात्रा में उत्पादन हो रहा है। इनका उपयोग औषधि निर्माण में एमल्सीकारक (Emulsifier) एवं स्थायीकारी (Stabiliser) की तरह होता है। कैल्सियम एल्जिनेट को कैप्सूल निर्माण में एवं अमोनियम एल्जिनेट को जीवाणु छनन में प्रयोग करते हैं। दंत चिकित्सा में दांतों के ढांचे बनाने में इनका सफल प्रयोग हुआ है। खाद्य उद्योग,

जैसे – बेकरी, दुग्ध–उत्पादन, जैली निर्माण जैम, क्रीम, मलाई, चाकलेट एवं पनीर आदि बनाने में भी इसका बहुत उपयोग होता है। इसके अतिरिक्त अमोनियम तथा सोडियम एल्जिनेट का प्रयोग स्टील उद्योग में भी किया जा रहा है। अमोनियम एल्जिनेट को विभिन्न उद्योगों, जैसे – रबर, चमड़ा, कागज, फोटोग्राफी, पॉलिश, चर्मनाशक, पीड़ानाशक, सड़क निर्माण, टैक्सटाइल उद्योग, साबुन बनाने तथा प्रसाधन सामग्री निर्माण में किया जाता है।

समुद्री शैवाल आधारित रसायनों का इतिहास सदियों पुराना है। इनमें से प्राप्त पदार्थों का मानव जीवन में विशिष्ट क्षेत्रों में उपयोग होता है। सारणी – 6 में कैरेगिनिन, एल्जिनेट तथा ऐगार–ऐगार के औद्योगिक उपयोग को दर्शाया गया है।

सारणी – 6. ऐगार, कैरेगिनिन एवं एल्जीनेट के औद्योगिक उपयोग

क्र०सं०	उपयोग	ऐगार	कैरेगिनिन	एल्जीनेट
1.	डेयरी उद्योग	+	+	+
2.	शराब	+	+	+
3.	बेकरी	+	+	+
4.	कन्फेक्शनरी	+	+	+
5.	ड्रेसिंग, सोसीझा	+	+	++
6.	खाद्य पदार्थों की सामग्री	+	+	+
7.	मांस, मछली	+	+	+
8.	आसंजक	–	–	+
9.	औषधी उत्पाद	+	–	
10.	रबर	–	–	+
11.	टैक्सटाइल उत्पाद	–	–	+
12.	पेपर उत्पाद	–	–	+

(iii) ऐगार–ऐगार – वस्तुतः ऐगार–ऐगार नाम की उत्पत्ति मलायान के यूचिमा प्रजाति से हुई है। मुख्यतः ऐगार–ऐगार लाल शैवालों की कोशिका भित्ति से प्राप्त किया जाता है तथा इसका मुख्य कार्य जैल बनाना है। इसके बहुलक (Polymer) को अग्रोस नाम से भी जाना जाता है। यह ठंडे पानी में अविलेय एवं गरम

पानी में विलेय होता है। यह दो प्रकार के पॉलीसैकेराइड अगरोज एवं अगरोपेस्टिन से मिलकर बना होता है। डॉ० जॉन एवं डॉ० पीट के अनुसार ऐगार की संरचना चेननुमा है, जो कि 9–बीटा – डी ग्लैक्टोपायरोनोज यूनिट के बने होते हैं। ऐगार–ऐगार के महत्वपूर्ण स्रोत ग्रेसीलेरिया, जेलीडियम एवं यूचिमा है। इसके अलावा सार्कोनिमा, फाइलोफोरा, जिगारटिना, कौरालप्सिस तथा हाइफीनिया है। इसका प्रयोग कल्चर मीडिया, प्रसाधन के समान, फलों की जैली, आइसक्रीम, वस्त्र, पॉलिश करने के कार्य, मांस उद्योग, खाद्य सामग्री तथा कब्जनाशक औषधियाँ बनाने के काम में लिया जाता है। प्रथम बार ऐगार का औद्योगिक उत्पादन 1670 में जापान में हुआ था। यहाँ विश्व का सबसे अधिक ऐगार उत्पादन होता है। भारत में इस उद्योग की शुरूआत वर्ष 1965 में हुई थी। अब तक इसके छः उद्योग स्थापित हो चुके हैं। अहमदाबाद में प्रतिदिन 100 किग्रा० ऐगार उत्पादन किया जाता है।

ब्रोमीनयुक्त रसायन

आधुनिक विज्ञान के आविष्कारों से समुद्र से दुर्लभ रसायन कार्बन–हैलोजन आदि प्राप्त करने की खोज को नई दिशा प्राप्त हुई है। भावनगर के सीएसएमसीआरआई के वैज्ञानिकों ने सौराष्ट्र के समुद्र तट पर उपलब्ध सात प्रकार की लाल शैवाल से प्राप्त ब्रोमीनयुक्त चयापचित कार्बनिक रसायनों पर अन्वेषण कार्य किया है। ब्रोमीनयुक्त रसायन निम्नांकित 7 शैवाल में (चित्र – 20 से 26 में) प्रेक्षित किए गए हैं।

1. एकेनथोफोरा स्पाईसीफोर
2. एस्परोगोपसीस टेक्सीफोरमीस
3. हिप्रिया मुसीफोरमीस
4. लोरेन्सीया पेडीक्यूलाइडीस
5. लॉरेन्सीया पेपीलोझा
6. पोलीसाईफोनीया वेरियागाटा
7. सारकोनीमा फीलीफोरमी

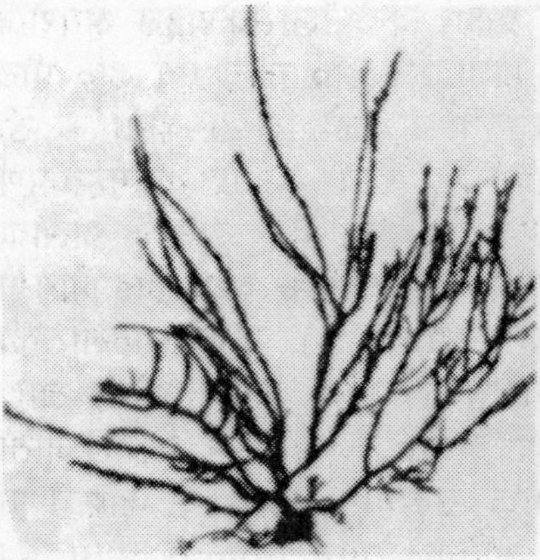

चित्र – 20. पॉलीसाइफोनिया वेरियगाटा

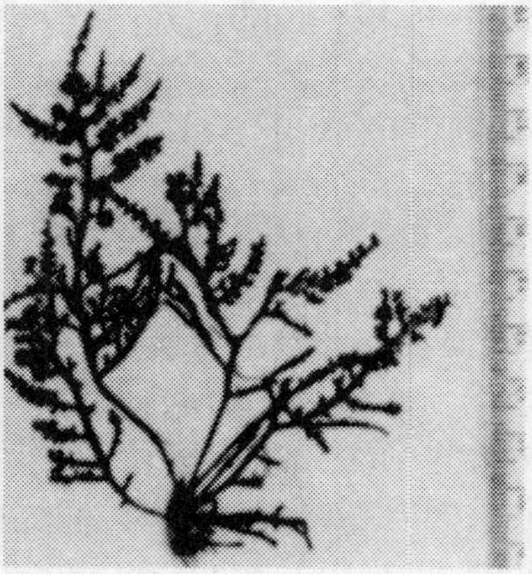

चित्र – 21. लॉरेन्सीया पेपीलोझा

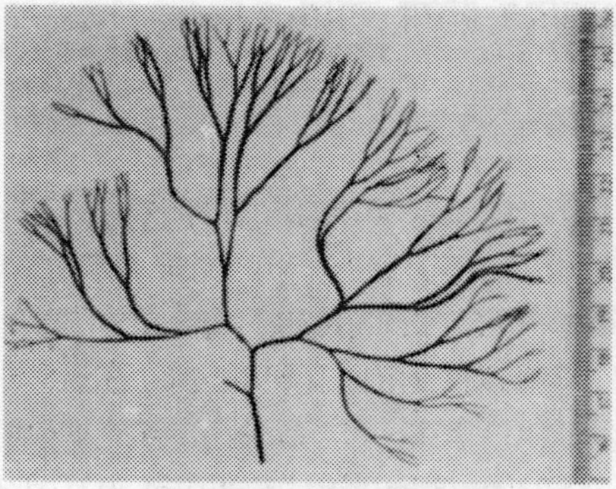

चित्र – 22. सारकोनीमा

चित्र – 23. एकेनथोफोरा

चित्र – 24. लॉरेंसिया पेडीक्यूलाइडीस

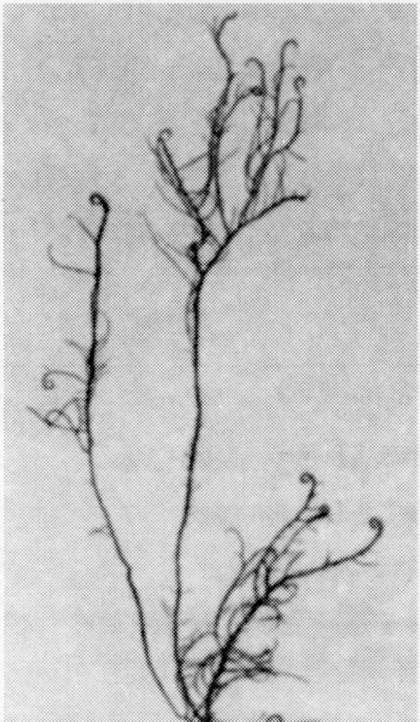

चित्र – 25. हिप्रिया

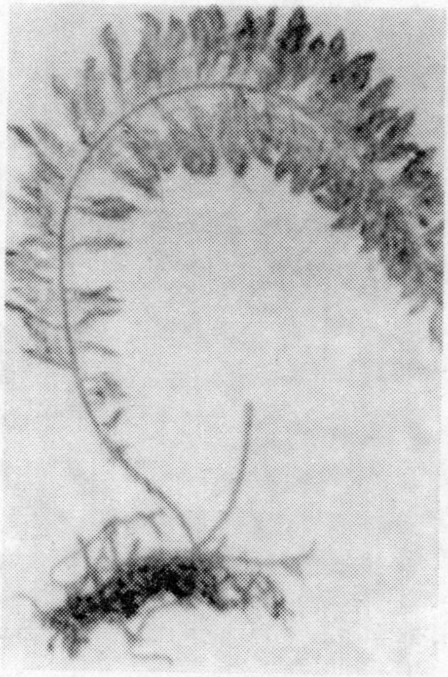

चित्र – 26. एस्परोगोपसीस टेक्सीफोरमीस

इन ब्रोमीनयुक्त रसायनों संबंधी विवरण सारणी–7 में दर्शाया गया है।

सारणी – 7. शैवाल से निष्कर्षित ब्रोमीनयुक्त रसायन

क्र०सं०	मानक रसायन	आर०एफ० × 100 से०मी०
1.	3 ब्रोमो 4 हाइड्रॉक्सी बेंजालडीहाइड	79.81
2.	3 ब्रोमो 4 हाइड्रॉक्सी बेंजोइक एसिड	79.81
3.	2, 3, डाइब्रोमो 4, 5 डाइहाइड्रॉक्सी बेंजालडीहाइड	67.68
4.	लेनेजोल डाइसल्फेट	73.53
5.	3 ब्रोमो 4, 5 डाइहाइड्रॉक्सी बेंजोइक एसिड	64.70
6.	3, 5 डाइब्रोमो 4 हाइड्रॉक्सी बेंजाल्डीहाइड	87.86

परीक्षण के दौरान यह पाया गया कि शैवाल से प्राप्त ब्रोमीनयुक्त रसायन प्रतिजैविक है तथा लाल शैवाल से प्राप्त

कार्बनिक चयापचित पदार्थों का जैवचिकित्सा में सामूहिक उपयोग मानवजाति के लिए लाभदायक सिद्ध होगा।

2. समुद्री शैवाल औषधीय रूप में

आज संपूर्ण विश्व में वैज्ञानिकों की रुचि समुद्री जीवों से औषधि उपयोगी पदार्थ प्राप्त करने हेतु बढ़ती जा रही है। सैकड़ों वर्षों से समुद्री शैवाल का उपयोग दवाईयाँ बनाने में किया जा रहा है। आस्ट्रेलिया के वैज्ञानिक डॉ० ब्लैकबर्न का मानना है कि समुद्री शैवाल लैमिनेरिया तथा सरसागम की प्रजातियाँ कैंसर निदान में उपयोगी सिद्ध हुई हैं। जापान तथा चीन में आयोडीनयुक्त समुद्री शैवाल का उपयोग घेंघा रोग तथा ग्रंथिय बीमारियों के निदान में करते हैं। इसी प्रकार रोमवासियों की यह अवधारणा है कि समुद्री शैवाल शरीर में जलन एवं स्कर्वी रोग की रोकथाम के लिए उपयुक्त है। भारत में किए गए अनुसंधान के फलस्वरूप लगभग एक दर्जन विशेष सक्रियता घटक यौगिक समुद्री शैवालों से प्राप्त हुए हैं, जिनका विवरण निम्नलिखित हैं।

वस्तुतः उपयोग में आ रहे जीवों से प्राप्त पदार्थों को दो भागों में विभक्त किया जा सकता है। प्रथम वह जो औषधि के रूप में उपयोग हो रहे तथा दूसरे वह जिनमें परीक्षण के समय विभिन्न रोगों के लक्षण उत्पन्न करने की क्षमता प्रेक्षित की गई।

(क) समुद्री स्रोत से औषधियाँ : प्राचीनकाल से डिजिनिया सिम्पलेक्स (Digenea simplex) नामक शैवाल का उपयोग जापान में पेट के कीड़े को मारने के लिए किया जाता रहा है। आज इसी शैवाल से एल–कायनिक एसिड (L - Kainic acid) (चित्र – 27) नामक पदार्थ प्राप्त किया गया है जिसका उपयोग एसकेरीसाइडल औषधि के रूप में हो रहा है। इसी लाल शैवाल में एक अन्य ऐमीनो अम्ल एल–ऐल्लो– कायनिक एसिड (L-Allo-Kainic Acid) (चित्र – 28) जो एल–कायनिक एसिड का प्रतिरूप हैं, प्राप्त किया गया है। उसमें भी पेट के कीड़े मारने की क्षमता है परन्तु इसके परीक्षणों से जब इस पदार्थ को चूहों के मुख से न खिलाकर इन्ट्रावीनस (i.v) द्वारा दिया गया तो इस पदार्थ का तंत्रिका तंत्र (Nervous System) पर प्रभाव देखा गया है।

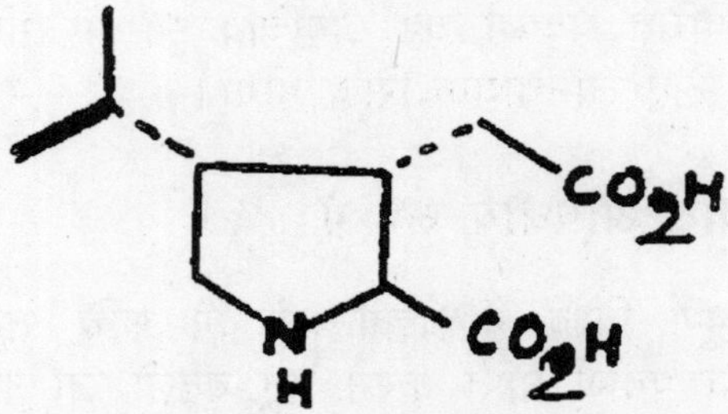

चित्र – 27. एल–कायनिक एसिड

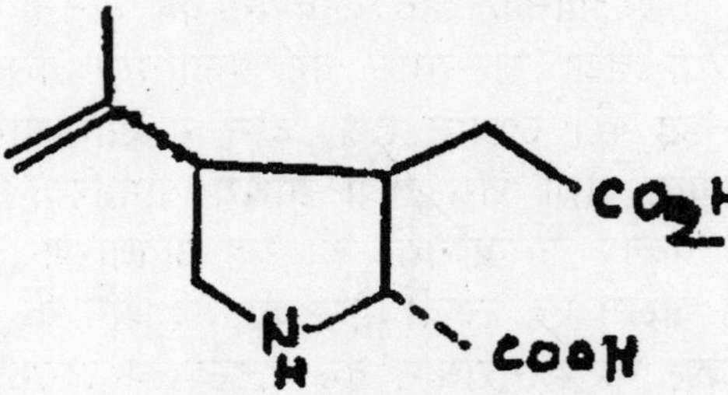

चित्र – 28. एल–ऐल्लो–कायनिक एसिड

वस्तुतः यह प्रभाव उसी प्रकार का था जैसा हन्टिगटन कोरिआ (Huntington's Corea) नामक मस्तिष्क विकार में मनुष्यों में देखा जाता है। अतः इस यौगिक का उपयोग अब उपर्युक्त घातक रोग के अध्ययन में किया जा रहा है।

कुछ न्यूक्लिओसाइड्स जो विभिन्न समुद्री स्पंज से प्राप्त हुए हैं उनका भी उपयोग औषधि के रूप में हो रहा है। ऐरा–ए एडीनिन एरा विनोसाईड (चित्र–29) एक शक्तिशाली प्रतिविषाणुक गुण वाला है तथा इसका उपयोग हरपीज विषाणु के द्वारा प्रभावित आँखों के उपचार में किया जा रहा है।

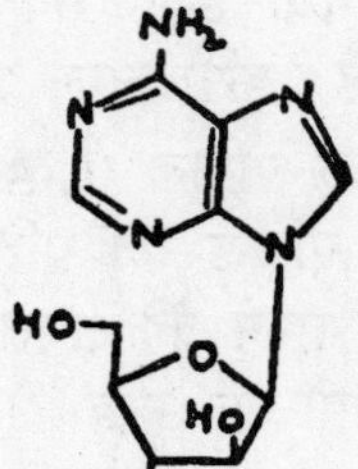

चित्र – 29. ऐरा–ए एडीनिन एरा विनोसाईड

(ख) विभिन्न रोगों के लक्षण उत्पन्न करने हेतु सक्रिय पदार्थ – जैसा कि वर्णित किया जा चुका है कि एल–ऐल्लो–कायनिक एसिड में मस्तिष्क विकार उत्पन्न करने के गुण हैं। उसी प्रकार कुछ विषाणुक पदार्थ, सागरीय स्रोतों से प्राप्त हुए हैं जिनमें ट्यूमर बनाने की क्षमता है। अतः इनका उपयोग विभिन्न प्रकार के ट्यूमर विकार के अध्ययन में किया जा रहा है। इनमें प्रमुख हैं, ऐप्लीसिया टॉक्सिन (चित्र – 30) तथा डीब्रोमो ऐप्लीसिया टॉक्सिन जो लिंग्विया मजुस्कुल्य नामक हरे–नीले शैवाल में पाये जाते हैं। एक अन्य प्रमुख पदार्थ ओकाडेमिक एसिड (चित्र – 31) जो प्रथम एक स्पंज से प्राप्त किया गया था तथा बाद में यह डाइनो फूलेजिलेट प्रोसेन्टम लीमा का सक्रिय पदार्थ पाया गया। इन सभी पदार्थों में ट्यूमर उत्पन्न करने की क्षमता है तथा इनकी सक्रियता भिन्न प्रकार के रिसेप्टर के माध्यम से प्रेक्षित की गई हैं।

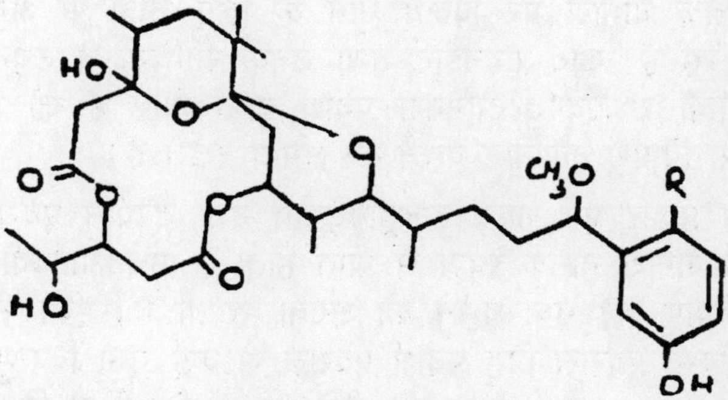

चित्र – 30 ऐप्लीसिया टॉक्सिन

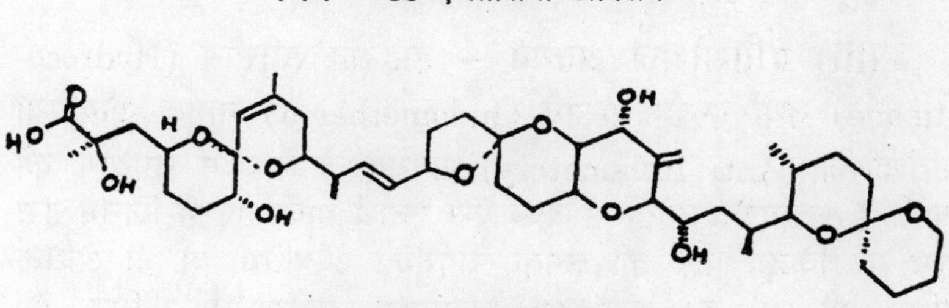

चित्र – 31. ओकाडेमिक एसिड

(ग) प्रमुख जैव–सक्रियता धारक सागरीय पदार्थ – इसके अन्तर्गत निम्नांकित पदार्थों को सम्मिलित किया गया है।

(i) प्रति हाइपरटेन्सिव एजेन्ट – लैमिनेरिया आगुस्ता (Lame-naria Angusta) नामक भूरे शैवाल से प्राप्त ऐमीनो अम्ल लेमीनिन एक प्रभावी रक्तचाप घटानेवाला पदार्थ है। कुछ प्रमुख जैव सक्रिय पदार्थ प्रोस्टाग्लेडिन के नाम से जाने जाते हैं। इसी प्रकार का एक प्रोस्टाग्लेन्डिन पीजीई – 2 लाल शैवाल ग्रेसीलेरिया इडयूलिस से प्राप्त हुआ जो एक प्रभावी प्रति अतितनाव (Anti Hypertensive) पदार्थ है। दूसरे अन्य प्रभावशाली रक्तचाप कम करने वाले पदार्थों में पेन्टएसटर क्रासा नामक होलोथूरिआन से प्राप्त 5 – हाइड्रॉक्सी ट्रिपटामाइन तथा एलीडोन नामक ऑक्टोपस से प्राप्त पेपटाइड विशेष उल्लेखनीय है।

(ii) प्रति विषाणुक पदार्थ – हरपीज सिम्पलेक्स तथा एच०आई०वी० (H.I.V.) जैसे घातक विषाणुओं के प्रति सक्रिय पदार्थों की खोज विश्व में एक समस्या बनी हुई है। तथा एड्स जैसी घातक बीमारी पर विजय पाने के लिए तेजी से अनुसंधान कार्य हो रहे हैं। डॉ० राइनहार्ट तथा उनके साथियों ने ट्यूनीकेरस समुद्री जीवों से एकडिस्टोमिनस पदार्थ प्राप्त किए हैं जो हरपीज सिम्पलैक्स विषाणु को नष्ट करने की क्षमता रखते हैं।

इस प्रकार एक अन्य हाइड्रोक्यूनोन डाइ टरपीन एवराल जो डिसीडुआ अमारा नामक स्पंज से प्राप्त होता है, एच०आई०वी० जैसे घातक विषाणु को नष्ट करने की क्षमता रखता है। इसी से प्राप्त 5–एसीटॉक्सी एवराल पितृ पदार्थ एवराल से कई गुना विषाणुनाशक पाया गया। इन पदार्थों को एड्स जैसी घातक बीमारी से निपटने के लिए अनुसंधान जारी है।

(iii) प्रतिशोथज अवयव – हाइड्रोकोरटीसोन (Hydrocortisone) तथा इन्डोमीथासीन (Indomethacin) नामक औषधियाँ प्रतिशोथज (Anti Inflamatory) अवयव के रूप में उपयोग की जाती है। सागरीय स्रोतों से कुछ ऐसे पदार्थ प्राप्त हुए हैं जिनमें इस रोग पर विजय पाने की क्षमता, उपर्युक्त औषधियों से भी अधिक प्रेक्षित की गई है। इनमें C_{25} टरपीन्स उल्लेखनीय यौगिक है। मोनोएलाइड (चित्र – 32) लुफारिएला बेरियेवल नामक स्पंज से प्राप्त होता है एवं इसमें उच्च श्रेणी की प्रतिशोथज सक्रियता है। इसकी प्रतिक्रिया उपर्युक्त औषधियों से भिन्न है तथा मेनोएलाइड में

मधुमक्खी के विष फास्पोलाइपेज ए–2 को भी नष्ट करने की क्षमता है।

एक अन्य प्रभावशाली प्रतिशोथज अवयव डाइ टरपीन ग्लाइकोसाइड स्यूडोप्टोरोसिन (चित्र – 33) है। यह पदार्थ फेनीकल जेकोव तथा उनके साथियों ने गोरगोनियन कोरल स्यूडोप्टोरोजिया (Pseudopleyryrgi) से प्राप्त किया था। इस पदार्थ में प्रतिशोथज सक्रियता जानी–मानी औषधि इंडोमीथासीन से भी अधिक प्रेक्षित की गई है।

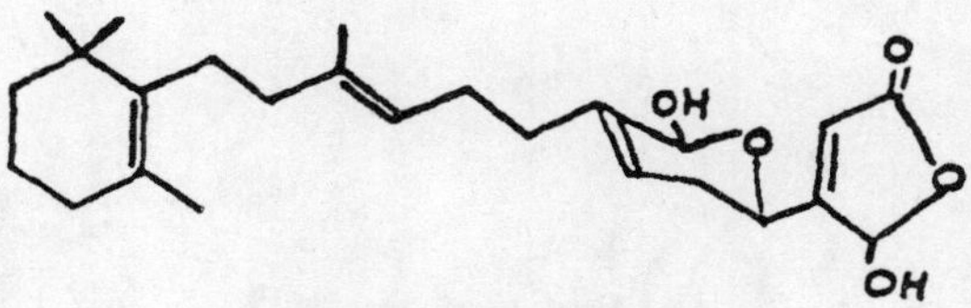

चित्र – 32 मेनोएलाइड

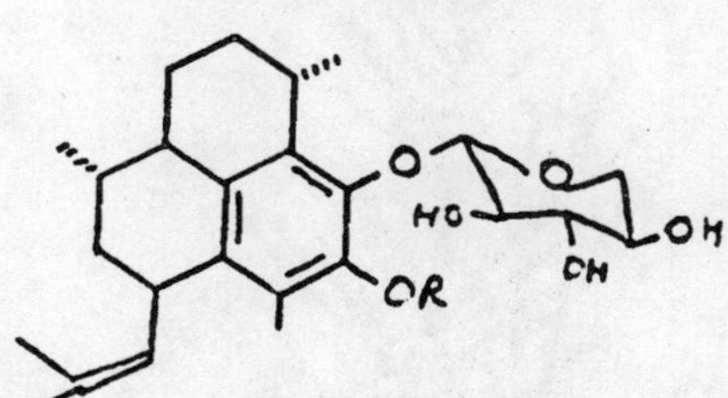

चित्र – 33 स्यूडोप्टोरोसिन

(iv) विविध औषधिय उपयोग – पूर्व में महासागर विकास विभाग तथा वर्तमान में पृथ्वी विज्ञान मंत्रालय द्वारा प्रायोजित परियोजना – "समुद्र में से महत्वपूर्ण औषधियाँ के अन्तर्गत कुल 11 प्रयोगशालाएँ कार्य कर रही हैं। केन्द्रीय नमक एवं समुद्री अनुसंधान संस्थान, भावनगर के वैज्ञानिकों ने गुजरात के सौराष्ट्र सागर तट से 55 विभिन्न प्रकार की हरी, भूरी और लाल शैवाल को एकत्रित कर उनकी जैव सक्रियता का परीक्षण किया। 55 शैवाल के अर्क प्राथमिक परीक्षण से पाये गये परिणाम के स्वरूप निम्नलिखित आठ शैवालों (सारणी – 8) में आशाजनक जैव सक्रियता प्रेक्षित की गई।

1. सरसागम स्वार्ट
2. टर्बोनेरिया ओर्नेटा

3. कोडीयम द्वारकेन्से
4. अल्वा फेसीएटा
5. ग्रेटलुपिया इंडिका
6. बायोप्सीस प्लुमोसा
7. अल्वा लेक्ट्युका
8. ग्रेसीलेरिया कोर्टीकेटा

इन शैवालों को क्रमशः चित्र – 34 से 41 में दर्शाया गया है।

चित्र – 34. सरसागम स्वार्ट

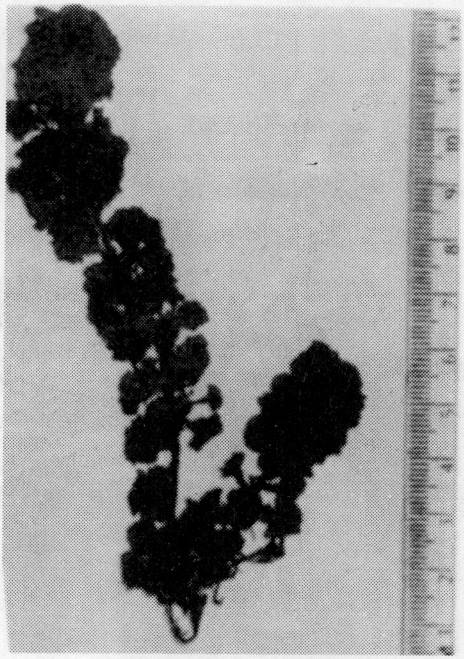

चित्र – 35. टर्बोनेरिया

सारणी – 8. कुछ प्रमुख समुद्री शैवालों की जैव सक्रियता

क्र०सं०	शैवाल	जैव सक्रियता
1.	सरसागम स्वार्टजी	एनसीफेलोमायोकाडाइटीस विषाणु के प्रति (ई०एम०सी०वी०)
2.	टर्बोनेरिया ओर्नेटा	प्रति जीवाणु
3.	कोडीयम द्वारकेन्से	प्रतिजनन, मूत्रल
4.	अल्वा फेसीएटा	एनसीफेलोमायोकार्डाइटीस विषाणु के प्रति (ई०एम०सी०वी०)
5.	ग्रेटलुपिया इंडिका	प्रतिजीवाणु हिपेटाइटीस–बी के प्रति
6.	बायोप्सीस प्लूमोसा	प्रति जीवाणु
7.	अल्वा लेक्ट्यूका	प्रति जीवाणु
8.	ग्रेसीलेरिया कोर्टीकेटा	मूत्रल

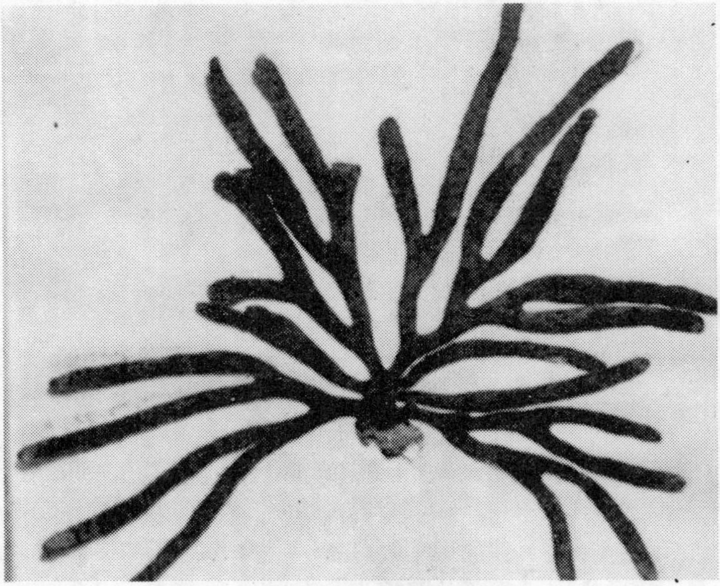

चित्र – **36**. कोडियम द्वारकेन्से

चित्र – **37**. अल्वा केसीएटा

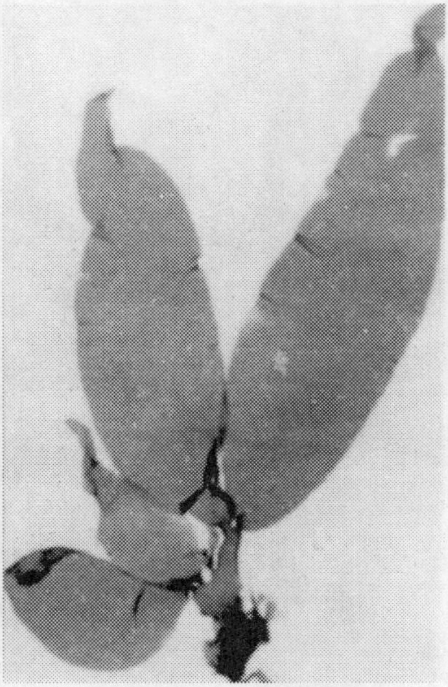

चित्र – 38. ग्रेटलूपिया इंडिका

चित्र – 39. ब्रायोप्सीस प्लूमोसा

चित्र – **40**. अल्वा लेक्ट्यूका

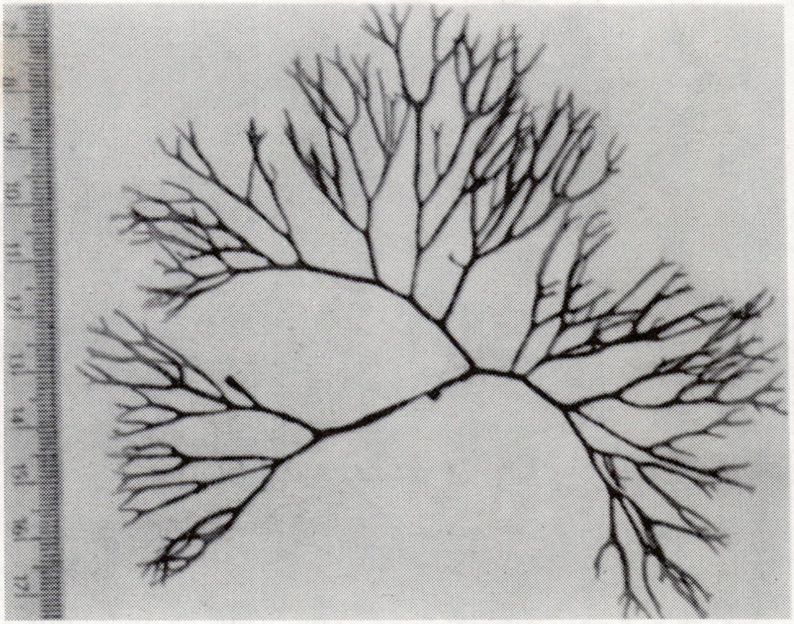

चित्र – **41**. ग्रेसीलेरिया कोर्टिकेटा

अनेक समुद्री उत्पादों में शक्तिशाली टॉक्सिन उपस्थित होते हैं। परन्तु वर्तमान में उनमें से कुछ, उदाहरणार्थ टेट्रोडॉक्सिन (चित्र – 42) और सैक्सीटॉक्सिन (चित्र – 43) का ही विश्लेषण किया जा रहा है तथा उनसे औषधियाँ बनाई जा रही है। टेट्रोडॉक्सिन का उपयोग कोढ़ और कैंसर में दद्र–निवारक के रूप में किया जाता है।

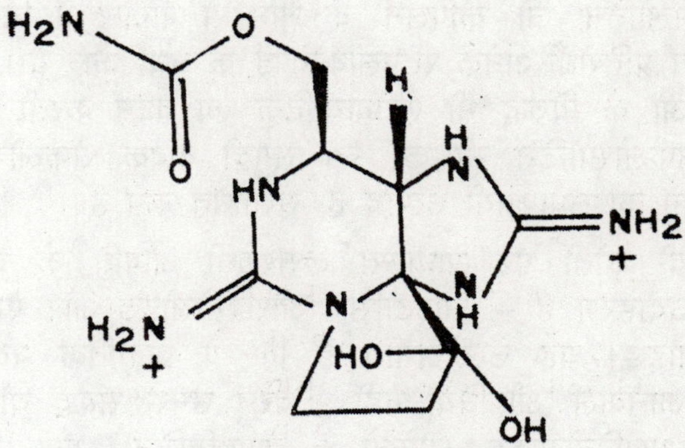

चित्र – **42.** टेट्रोडॉक्सिन

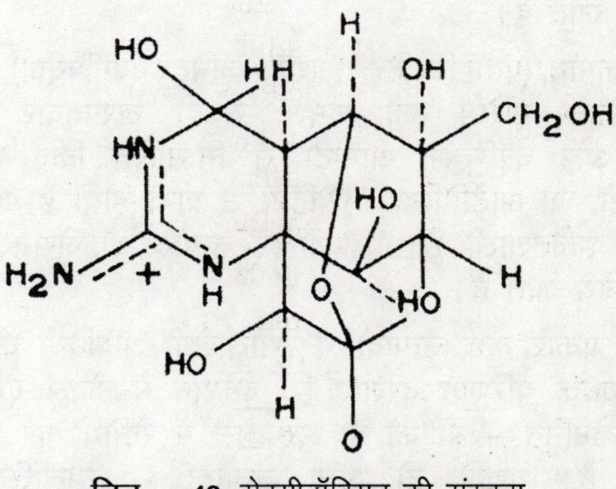

चित्र – **43.** सेक्सीटॉक्सिन की संरचना

नेरेइस्टॉक्सिन, जो सर्वप्रथम सन् 1934 में ऐनलिड (लुंब्रीकोनेरिस हेटेरोपोडा) से बिलगाई गई थी और जो जापान में मछली के चारे के रूप में उपयोग की जाती है, का विश्लेषण करने पर वह 4 (N, N डाइ–मेथिलएमीनो) 1, 2 डाइथियोलेन पाई गई

है। इसका संश्लेषित एनॉलॉग है, पैडान, जो जापान में धान के कीड़ों के प्रति एक प्रमुख कीटनाशी की भाँति उपयोग किया जाता है। यह धान के पौधे के तने में छेद करने वाले कीड़ों के विरुद्ध प्रभावी सिद्ध हुआ है। इसी से संबंधित टॉक्सिन है चैराटॉक्सिन, जो समुद्री शैवाल चारा ग्लोबुलैरिस से प्राप्त की जाती है। उसमें भी कीटनाशी गुण विद्यमान होते है।

सेफालोटिन, जो 'केफ्लिन' के नाम से बाजार में बिकती है, पेनिसिलिन प्रतिरोधी अनेक स्टेफलोकोकाई के तथा कुछ ग्रैम नेगेटिव बैक्टीरियाओं के विरुद्ध भी एंटीबायोटिक का काम करती है। यह उत्पाद सेफैलोस्पोटिन सी का, जो समुद्री कवक सेफैलोस्पोरियम एक्रेमोनियम का उपापचयी उत्पाद है, संशोधित रूप है।

समुद्री स्रोतों पर आधारित कैंसररोधी औषधि के कदाचित् सर्वोत्तम उदाहरण हैं – साइटोसिन आरबिनोसाइड और ऐडेनोसिन आरबिनोसाइड। यह उल्लेखनीय है कि ये प्राकृतिक पदार्थों से बिलगाई जानेवाली औषधियाँ नहीं हैं वरन् उनसे संबद्ध यौगिक – थाइमीन आरबिनोसाइड (स्पोंजो – थाइमिडिन) और यूरासिल आरबिनोसाइड (स्पोंजोयूरीडीन) हैं। ये स्पंज क्रिप्टोटेथ्या क्रिप्टा से प्राप्त किए जाते हैं।

प्रतिक्रमीय (एंटीहेल्मिंटिक) अथवा कृमिटर (वर्मीफ्यूज) काइनिक और डोमोइक एसिड, जो क्रमशः समुद्री खरपतवार डिग्नीआ सिंप्लैक्स और कॉण्ड्रिआ आर्माटा से निःसारित किए जाते हैं। सेंटोनिन से, जो आर्टेमिसिआ मैरीटिमा से प्राप्त होता है, की तुलना में अधिक शक्तिशाली हैं। ये कृमिहर उत्पाद डॉइजेसन' नाम से बाजार में बेचे जाते हैं।

इसी प्रकार कुछ उत्पादों ने रसौलीरोधी औषधियों के विकास में उत्साहवर्धक परिणाम दरशाए हैं। वर्तमान में केवल एक समुद्री उत्पाद डिडेमनिन – बी को ही अस्पताल में रोगियों पर आजमाया जा रहा है। यद्यपि दो अन्य उत्पादों – डोलास्टिन और एक्टेइनासीडिन – ने भी उत्साहवर्धक परिणाम दरशाए हैं। डिडेमनिन – बी एक बढ़िया प्रतिरक्षी दमनकारी (इम्यूनोसप्रैसिव) पदार्थ भी है।

समुद्री जीव–जंतुओं के रासायनिक अध्ययनों से ज्ञात हुआ है कि उनमें अनेक स्टेरॉयड, वसाम्ल और उनके ऐस्टर, एल्कोहल, लैक्टोन आदि उपयोगी पदार्थ मौजूद होते हैं।

इस संबंध में परंपरागत औषधि पद्धतियाँ भी बहुत उपयोगी सिद्ध होती हैं। इस बारे में प्रायः मैंग्रोव, एकांथस इल्लीसीफोलियस का उदाहरण दिया जाता है। गोवा में इस मैंग्रोव की पत्तियों और अंकुरों को उबालकर तैयार किए गए काढे का उपयोग आमवातिक पीड़ा से राहत पाने के लिए किया जाता है। इससे प्रभावित होकर राष्ट्रीय सागर विज्ञान संस्थान, गोवा ने मेडिकल कॉलेज के साथ मिलकर इस वृक्ष के विस्तृत भेषज वैज्ञानिक और रासायनिक अध्ययन किए। इससे विदित हुआ कि पौधे के अवशोधित मेथेनोल निसार में पीड़ाहारी और सूजन को कम करने के गुण विद्यमान होते हैं। थोडी मात्रा में सेवन करने पर उसके ये गुण पेथिडीन हाइड्रोक्लोराइड और सोडियम सैलीसिलेट जैसी मानक पीडाहारी औषधियों की तुलना में बेहतर होते हैं। साथ ही, निरंतर सेवन से उसकी आदत नहीं पड़ती है। परीक्षणों में इस गुण का कारण इसमें विद्यमान 2–बैंजोक्स एजोलिनोन की उपस्थिति पाई गई है। यह क्रियाशीलता कालाजार के उपचार हेतु उपयोग की जानेवाली एकमात्र औषधि 'पैटएमीडिन'' की क्रियाशीलता के तुल्य होती है।

लाल समुद्री खरपतवार, एकांथोफोरा स्पीसिफेरा, जो गर्भनिरोधक क्रियाशीलता दरशाता है, से एक प्रतिकृमीय (Anti-bacterial) यौगिक भी प्राप्त किया गया है। इस खरपतवार से दुर्लभ डाइपेप्टाइड, ऑरएंटीएमाइड, जिनमें शुक्राणुओं को नष्ट करने की क्षमता होती है, भी प्राप्त किए गए हैं।

कत्थई शैवाल स्टोइकोस्पेरमम मर्जिनेटम, जिसके निसार में उद्वेष्टहर क्रियाशीलत विद्यमान होती है, के रासायनिक परीक्षणों के दौरान दो नए डाइ टरपीन बिलगाए गए हैं। सी कुकुंबर (एक्टीनोपिगा मॉरीशिआना) से एक नई ग्लाइकोसाइड 'एकीनोसाइड 'बी' प्राप्त की गई है। स्क्रिप्स इंस्टीट्यूशन ऑफ ओशनोग्राफी, ला–जोला, संयुक्त राज्य अमेरिका और आंध्र विश्वविद्यालय, विशाखापट्टनम, के आपसी सहयोग से किए गए शोध परिणाम बहुत उत्साहवर्धक रहे हैं। इनमें जूएंथस से नए वर्ग के ऐल्केलॉइड

प्राप्त किए गए हैं। इन ऐल्केलाइडों में पीड़ाहारी और सूजन कम करने के गुण विद्यमान होते हैं।

इन अध्ययनों से यह स्पष्ट हो जाता है कि अन्य महासागरों की भाँति हिंद महासागर के जीव–जंतुओं में भी ऐसे रसायन विद्यमान होते हैं, जिन्हें औषधियों अथवा भैषज मध्यवर्ती के रूप में विकसित किया जा सकता है। अतः आशा है कि कालांतर में सागर से प्राप्त होनेवाली औषधियों को बड़े पैमाने पर उस समय इस्तेमाल किया जाने लगेगा, जब लोगों को समुद्री पौधों और जंतुओं पर किए जानेवाले अनुसंधान के लाभ की जानकारी हो जाएगी।

आयुर्वेदीय औषधियाँ एवं उनके समुद्रीय स्रोत

मानव जीवन के विकास की प्रक्रिया वैज्ञानिक अध्ययनों के आधार पर 50 लाख वर्ष से प्रारंभ होकर 10 लाख वर्ष तक आंकी जाती है। प्राग–ऐतिहासिक शोधों के आधार पर जो अवशेष तत्त्ववेत्ताओं को मिले हैं, उन्हें ईसा से अधिक से अधिक चार हजार से दस हजार ईसा पूर्व तक ही आंका जाता है। मानवीय विकास और उसके उद्‌बोधन का साक्षी, आरोग्य और आयुष प्रदान करने वाला शास्त्र ही आयुर्वेद है।

मुख्यतः आयुर्वेद के दो उप–विभाग किए जा सकते हैं। एक स्वास्थ्यानुवृत्तिकर तथा दूसरा रोगोच्छेदकर। स्वास्थ्य को, शरीर स्वास्थ्य, मानसिक स्वास्थ्य एवं एंद्रेयिक स्वास्थ्य के रूप में तीन भेद किये गये हैं। केवल रोग राहित्य का नाम स्वास्थ्य नहीं अपितु शरीरस्थ सर्व धातु की समता, समाग्नि रहना धातु क्रिया तथा मलक्रिया का सम रहना। मन एवं इंद्रिय सम रहकर वृद्धिप्रकर्ष, उत्कृष्ट प्रकार से रहना इसे स्वास्थ्य कहते हैं।

आयुर्वेद में समुद्र से उत्पन्न होनेवाले मुख्य द्रव्य शैवाल अथवा एल्मी फफूंद (फंगस) का लोकाचार में प्रयोग होता है। वस्तुतः सामुद्रिक द्रव्यों में प्रवाल (विद्रुम) उद‌्भिज द्रव्यों की शृंखला में मुख्य हैं।

जांगम द्रव्यों की शृंखला में मछली, केकड़े, शंख, शुक्ति, कपद्र, मुक्ताशुक्ति तथा शंभूक मुख्य हैं। इसके अतिरिक्त समुद्रफेन, समुद्रलवण, अकलारि (समुद्र नारियल) आदि द्रव्य भी योगों में रहते

हैं। आयुर्वेद के मनीषियों की अवधारणा है कि समुद्र से प्राप्त औषधियों के रस, गुण, वीर्य, विपाक एवं प्रभाव आदि आशुफलदायी एवं रसायन कर्म करने वाले हैं। सामुद्रिक औषध द्रव्यों के गुणधर्म एवं उपयोग को सारणी–9 में दर्शाया गया है।

सारणी–9. कतिपय सामुद्रिक औषध द्रव्यों के गुणधर्म एवं उपयोग

क्र.सं.	औषध नाम	गुणकर्म व उपयोग
1.	प्रवाल (Coral)	प्रवाल भस्मदीपन, पाचन, लघु एव विषघ्न है। क्षय, रक्तपित्त, कास एवं नेत्ररोगहर है।
2.	मुक्ता (Pearl)	लघु, शीत, मधुर रस, विषघ्न, दृष्टि प्रसादन, अग्निवर्धन, वीर्यवधघ्न।
3.	मुक्ताशुक्ति (Shell of the Oyster Pearl)	इसकी भस्म के गुणकर्म मुक्ता के समान होते हैं। परन्तु कुछ अल्प गुणवाले होते हैं, विशेषकर अग्नि दीपक और परिणाम शूलनाशक है।
4.	वराटिका (Shell cowriec)	कटु, उष्ण, दीपन, वृष्य, ग्राही, वातहर, शूलघ्न, चक्षुष्य।
5.	शंख (Conch)	भस्म, शीतल, क्षारीय, ग्राही, अम्लपित्तहर, बल्य, ग्रहणी, परिणमशूल, उदररोग एवं युवानीपीडिकाहर है।
6.	शंखनाभि (Spiral part of the Conch)	इसके गुणकर्म शंख भस्म के समान होते हैं। परन्तु उससे किंचित् उत्कृष्टता होती है।
7.	शुक्ति (Shell of the Oyster)	कटुरस, स्निग्धगुण, दीपन, उदरशूल, गुल्म, विष, अरुचि, दौर्बल्यहर।
8.	समुद्रफेन	कषायरस, शीतवीर्य, लेखन, पाचन, अग्निदीपन, नेत्ररोगहर, विषदोषहर, कफहर, कुष्टहर एवं कर्णस्त्रावहर है।
9.	समुद्रलवण (Sea Salt)	क्षारीय, स्निग्ध अनुष्णशीत, दीपन, भेदी, वातघ्न, रुचिकर, हृदद्य।
10.	अकलारि/समुद्री नारियल (Sea coconut)	कटुरसयुक्त लघु, रुक्षगुण, उष्णवीर्य, कटुविपाक, वेदना स्थापन, विषघ्न वामक, हृदोत्तेजक, शीतप्रशमन, प्रशर्कराहर, हृदद्य, दौर्बल्यहर

समुद्रीफेन, समुद्रीनारियल, मुक्ता, शुक्ति, शंख, मत्स्यपित्त तथा वराटिका को क्रमशः चित्र – 44 से 50 में दर्शाया गया हैं

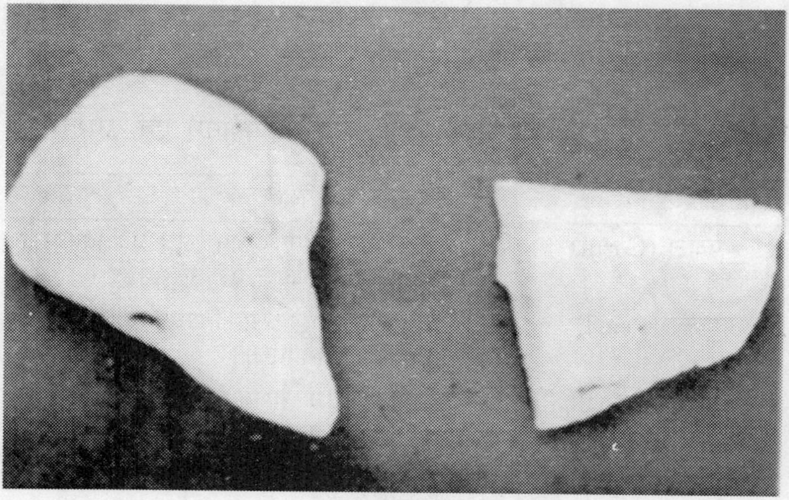

चित्र – **44**. समुद्रीफेन

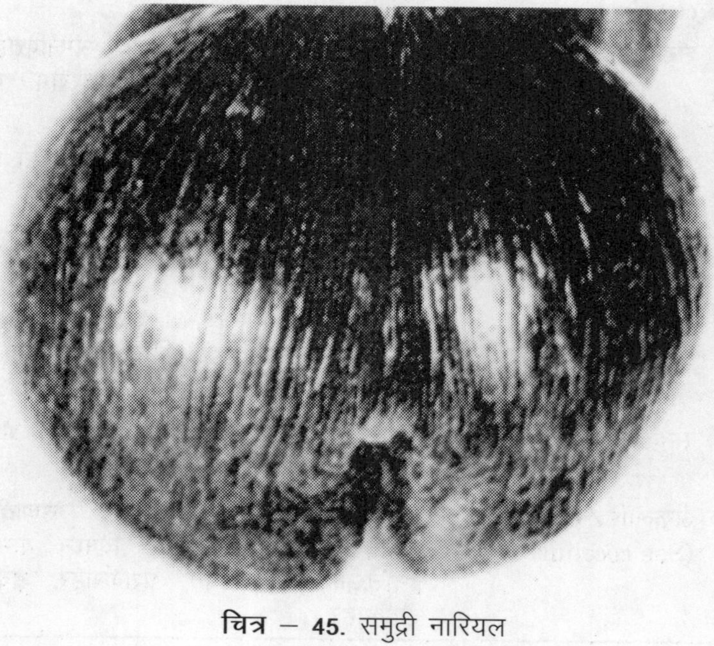

चित्र – **45**. समुद्री नारियल

चित्र – **46.** मुक्ता

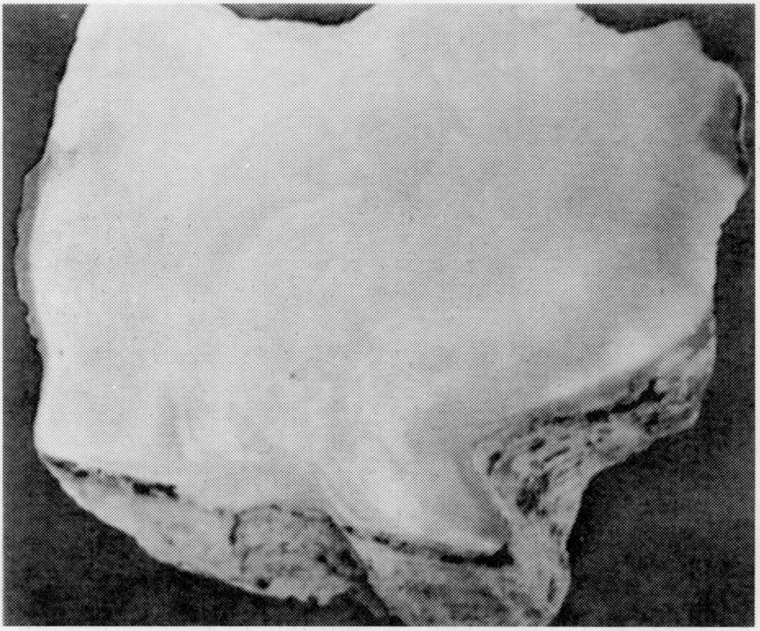

चित्र – **47.** शुक्ति

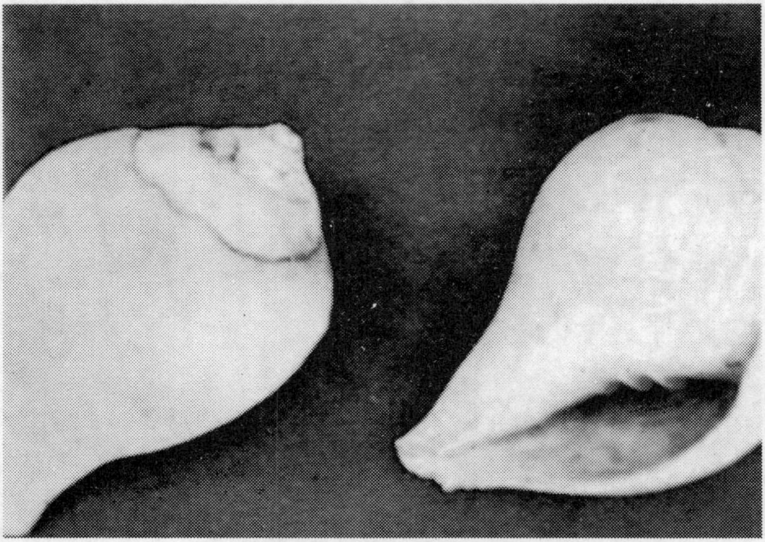

चित्र – **48.** शंख

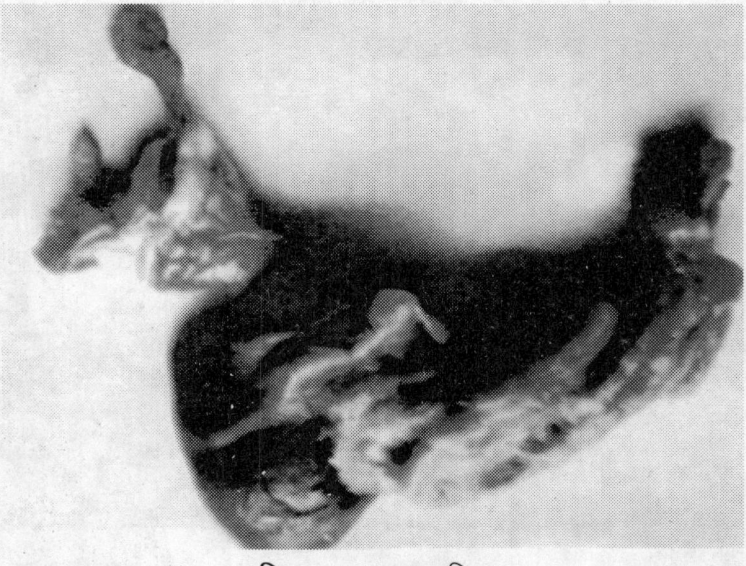

चित्र – **49.** मत्स्यपित्त

3. उर्वरक के रूप में शैवाल – समुद्री शैवाल उर्वरक का भी मुख्य स्रोत माना जाता हैं प्राचीनकाल से ही समुद्र तटीय किसानों द्वारा इन समुद्री शैवालों का उर्वरक के रूप में उपयोग

किया जा रहा है। ये मुख्यतः भूरे शैवाल होते हैं। जैसे – एस्कोफिलम, मेक्रोसिस्टिस, लैमीनेरिया, सरगासम आदि। इसके अलावा लाल शैवाल, जैसे – पेकीमानिया, लीथोथमिनोन, फामेटोलीथोन है। इन्हें किसान कृषि कार्य के लिए ही विशेष रूप से समुद्र से एकत्रित करते हैं व खेतों में सीधे डालते है, जिससे मिट्टी की उर्वरा शक्ति कई गुना बढ़ जाती है। इस उर्वरक में नाइट्रोजन तथा पोटैशियम की मात्रा अधिक होती है परंतु फॉस्फेट की मात्रा कम होती है। जिन समुद्री शैवालों से खाद बनायी जाती है, उसे ड्रिफ्ट (Drift) या रॉक (Rock) कहते हैं। यह बलुई मिट्टी के लिए बहुत अच्छा साबित हुआ है।

चित्र – 50. वराटिका

इस उर्वरक में उपस्थित पोटाश को पौधे आसानी से अवशोषित कर लेते हैं। जिससे ऊसर भूमि शीघ्र उपजाऊ बन जाती है। भौगोलिक संरचना के आधार पर विभिन्न फसलों के लिए भिन्न–भिन्न समुद्री शैवालों का प्रयोग किया जाता है, जैसे – हैपनिया, सरसागम को बैंगन व टैर्पियाका की पैदावार में वृद्धि के लिए उपयोग किया जाता है। मिट्टी तथा समुद्री शैवाल का मिश्रण आलू, ज्वार की खेती एवं साग–सब्जी की अच्छी पैदावार में सहायक होते हैं। मिट्टी की भौतिक स्थिति में परिवर्तन समुद्री

शैवालों की जिलेटिनस प्रकृति के कारण होता है। यह सूक्ष्म तत्त्व एवं कार्बनिक यौगिकों जैसे – ऐमीनो अम्ल, ऑक्सिन, जिबरेलीन इत्यादि का स्रोत माना जाता है। सूखे तथा पानी की कमी वाले क्षेत्रों में समुद्री शैवाल पानी की उपलब्धता को बनाये रखने के साथ मृदा क्षरण को रोकते है।

4. चारे के रूप में शैवाल – समुद्री शैवाल का उपयोग न केवल मानव जाति के लिए वरन् जलीय एवं स्थलीय जंतुओं के लिए भी वरदान स्वरूप है। मुख्यतः लाल समुद्री शैवाल जलीय प्राणियों के भोजन के लिए सर्वोत्तम सिद्ध होते है। जबकि भूरे एवं लाल समुद्री शैवाल पालतू एवं जंगली जानवरों के चारे तथा भोजन के अच्छे स्रोत हैं। पालतू जानवरों में जैसे – भेड़, घोड़ा, बकरी, सुअर एवं मुर्गी पालन में इनका अधिक प्रयोग हो रहा है। इसी प्रकार सापेक्ष जंगली जानवर जैसे – हिरण, खरगोश, आर्कटिक लोमड़ी और ध्रुवीय भालूओं द्वारा समुद्री शैवालों को खाते देखा गया है। इनमें प्रमुख रूप से लैमीनेरिया, फ्यूकस, एस्कोफाइलम, अलेरिया, पेल्वेसिया, मैक्रोसिस्टिस, कान्ड्रस पालमारिया आदि हैं। लैमीनेरिया द्वार 'एल्जिट' फ्यूकस द्वारा 'नेप्टम' नामक चारे तैयार किये जाते हैं, जो बाजारों में उपलब्ध हैं। समुद्री शैवाल दूसरे पौधों के साथ मिलकर सिलेज बनाता है, जिसे जानवर सुगमता से पचा लेते हैं। एस्कोफिलम नोडासम द्वारा उत्पन्न औद्योगिक उत्पाद भेड़ों की प्रजनन क्षमता बढ़ाने में सहायक होते हैं। समुद्री शैवालों में सूक्ष्म तत्त्वों की अधिकता के कारण मुर्गियों के अंडों में आयोडीन की मात्रा बढ़ जाती है। डेनमार्क में किए गए एक अनुसंधान से यह विदित हुआ है कि प्रतिदिन गायों को 200 ग्राम समुद्री शैवालीय भोजन देने से दूध में वसा एवं विटामिन 'ए' के साथ दूध की मात्रा में बढ़ोतरी हुई है। ब्रिटेन में शोध द्वारा यह प्रेक्षित किया गया है कि सूखे एस्कोफिलम नोडोसम खाने से रोग प्रतिरोधक क्षमता बढ़ जाती है। भारतीय पशु चिकित्सा अनुसंधान संस्थान, इज्जतनगर, बरेली और राजकीय पशु चिकित्सा अनुसंधान कॉलेज, चेन्नई में समुद्री खरपतवारों को पशुचारे के रूप में इस्तेमाल करने के संबंध में बृहत् अनुसंधान कार्य हुए हैं।

5. कृषि में शैवाल – भारत में समुद्री खरपतवारों के कृषि के संबंध में अनुसंधान अब भी आरंभिक अवस्था में है। इसके लिए

आमतौर पर कयर या नॉयलोन की रस्सियाँ अथवा कोरल स्टोन उपयोग में लाए जाते हैं। अब तक गेलीडीएल्ला, ग्रैसीलेरिया, हायप्निया और एंटेरामार्फा प्रजातियों की खेती की तकनीक ही विकसित हुई है।

इन खरपतवारों की खेती के लिए आवश्यक तथ्य हैं – ऐसे क्षेत्र जहाँ लहरें बहुत कम उठती हों और जलधाराओं की गति धीमी हो; कोरलयुक्त अथवा चट्टानोंवाला क्षेत्र हो; जल स्वच्छ हो, जिससे सौर प्रकाश अधिकतम मात्रा में प्राप्त हो सके और अच्छे किस्म के शैवाल बीजाणु इस्तेमाल किए जाएँ।

यद्यपि इन शैवालों की खेती की अनेक तकनीकें सुझाई गई हैं, परन्तु भारत में 'रस्सी जाल तकनीक' (रोप नेट टेक्नोलॉजी) ही प्रचलित है। इसमें तट के स्वच्छ जल में सीमेंट – कंक्रीट ब्लाकों को लंगरों की भाँति इस्तेमाल करके जालों को फैलाया जाता है। जाल तली में नहीं बैठ जाएँ, इसलिए उनमें प्लास्टिक, एलुमिनियम या फाइबर ग्लास के फ्लोट लगाए जाते हैं। जालों को अधिकतम मात्रा में सौर प्रकाश, पोषक पदार्थ और ऑक्सीजन आदि मिलते रहें, इसलिए उन्हें निम्नतम ज्वार तल से भी नीचे लटकाया जाता है। इन जालों की बनी रस्सियों में 4–5 सें०मी० लंबे (रस्सियों के) टुकड़े फँसाकर उन्हें नॉयलोन के धागों से बाँध दिया जाता है। इस प्रकार तैयार किए गए जालों को तटीय जल में लटका दिया जाता है और 2–3 महीनों के लिए वहाँ रहने दिया जाता है। रस्सी के छोटे टुकड़ों पर खरपतवार उगने लगते हैं। जब ये खरपतवार बहुत बड़े हो जाते हैं तब इन्हें काट लिया जाता है। रस्सी पर लगे खरपतवारों के बीजाणु फिर से वृद्धि करने लगते हैं।

इस प्रकार समुद्री शैवाल एक प्राकृतिक संपदा है, जो सम्पूर्ण जीव जगत की विभिन्न आवश्यकताओं का स्रोत है। ये समुद्री एवं स्थलीय जीवों के लिए विविध रूपों में लाभदायक है।

तुर्की चिकित्सा पद्धति में सामुद्रिक जीवों का उपयोग

भारतवर्ष की भाँति तुर्की में भी घरेलू औषधियों के साथ–साथ अपनी वैज्ञानिक चिकित्सा पद्धति भी है जिसकी उत्पत्ति ग्रीकों अरब या मुस्लिम चिकित्सा पद्धतियों से हुई हैं। इस पद्धति के चिकित्सकों

को तुर्की में अकतारक या बहारतकी कहा जाता है। हमारे देश की भाँति यहाँ भी इन औषधियों में फिर से अनुसंधान कार्य प्रारंभ किए गये हैं।

तुर्की भी विशाल देश (चित्र – 51) है जिसमें सभी प्रकार की जलवायु के अतिरिक्त काफी विस्तृत समुद्र तट भी है। इस देश की चिकित्सा पद्धति में समुद्र की वनस्पति और पशुओं का प्रयोग अभी भी प्रचलित है। तुर्की के अकतार अधिकतर यूनानी चिकित्सा पद्धति में प्रयुक्त जड़ी–बूटियों का उपयोग करते है। समुद्र में यूनानी औषधियों विषयक जानकारी सारणी – 10 में वर्णित की गई है।

सारणी – 10. समुद्र से यूनानी औषधियाँ

क्रसं	अंग्रेजी नाम	वैज्ञानिक नाम	अरबी नाम
क.	**औषधियों में प्रयुक्त पशु**		
1.	अम्बरग्रीस	अम्ब्रा ग्रेसी	अम्बर
2.	कास्टोरियम	लूट्र लूट्र	जुन्द्बीदस्तार
3.	कोरल	कोरोलियम रूब्रूम	बुसाद/मरजान
4.	काउरी	साइप्रिया मोनिटा	वादा
5.	क्रोकोडायल	क्रोकोडिलस पाल्लुसटिल	टिम्सह
6.	कटल फिश बोन्स	सीपिया आफीसीनालीस	ज्रद जाबद अल–बाहर
7.	ईल	एकक्वीला प्रजाति	मरमाहीज
8.	इसिंगलस	एसीपेंसर हुसो	धारा अल समक
9.	नरव्हाल	मोनोडोन मोनासीरोस	क्यूगा
10.	ऑयेस्टर शेल	ओस्ट्री इडूलिस	सदफ
11.	पर्ल	पिन्कयडा प्रजाति	लूलू
12.	स्कारपिअन फिश	पिट्रोइश रुसेली	अकरब बहरी
13.	सी क्रैब	कैंसर मरीना	सारतन बहरी
14.	सी हेअर	लीपस मैरिन्ड	अरनाब बहरी
15.	सी हेजहाग	मरीनस	कूनफूड बहरी

16.	सी स्नेल	कलनकुलस डिपिक्टस	हालजुन बहरी
17.	श्रीम्प	क्रेग्रान बल्गारिस	रुबियन
18.	स्किंक	माबूया क्रिनाटा	असकंकर
19.	स्पंज	स्पांगिया आफीसीनालिस	हसफंज
20.	टरटल	चिलोनिया मिडास	सुलहफत
21.	अनजुस	सट्रांबस प्रजाति	अजफार अलतीव

ख. औषधियों में प्रयुक्त वनस्पति

22.	सी मॉस	कांडस किस्पस	तुहलुब

ग. औषधियों में प्रयुक्त खनिज

23.	ओटोलिथ फ्राम फिशेज	सिलिकेट ऑफ लाइम	हजर–अल–हवत
24.	स्पंज स्टोन	लापिस स्पांगिया	हजर–अल–इसफंज

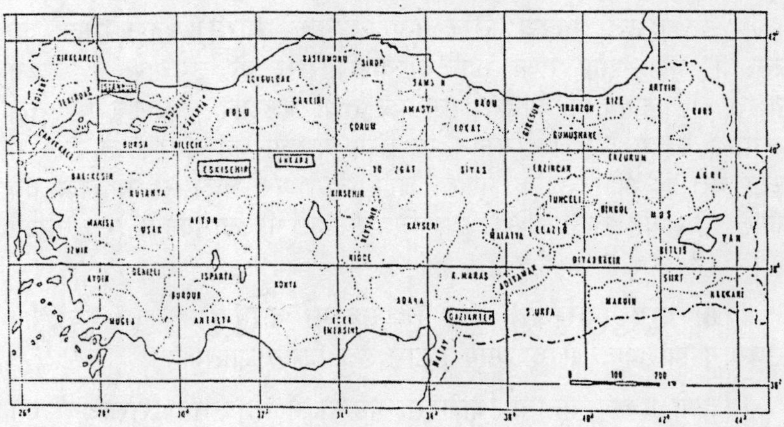

चित्र – **51.** तुर्की का मानचित्र

1. तुर्की चिकित्सा पद्धति में प्रयुक्त शैवाल (जा) योसुम का प्रयोग गुर्दे की पथरी निकालने के लिए किया जाता है।

2. प्रवाल (कारदेसनी) : भय निवारण के लिए इस प्रवाल का ताबीज बांधा जाता है या इसे पीसकर लेमोनेड में मिलाकर पिलाया जाता है। सर्दी, जुखाम के उपचार हेतु इसका सेवन मरमरेली के साथ किया जाता है।

3. स्पंज (सुंगेर) : तुर्की अकतार कई प्रकार की स्पंज भी प्रयोग में लाते हैं। प्राकृतिक स्पंज (डेनिज सुंगेर, डेनिज कोपुगु) का प्रयोग गर्भ निरोधक की भाँति होता है। इसका नींबू के रस में भिगोकर जननांग में प्रयोग किया जाता है। मादा (सुंगेरदीसी) तथा नर (सुंगेर इटकेक) स्पंज घेंघा रोग के उपचार में लाभकारी बताये जाते हैं। 100 ग्राम स्पंज को तेल में भूनकर 1 किलोग्राम शहद में मिलाया जाता है और इसकी एक चम्मच मात्रा का प्रातः एवं सायंकाल सेवन किया जाता है।

4. घोंघा शुक्ति (सबई) : क्षय रोग एवं सोरायसिस में लाभकारी। क्षयरोग में नींबू के रस में घोलकर एक चम्मच दिन में दो बार दिया जाता है। सोरायसिस के उपचार हेतु एक प्याला पानी में नींबू के रस में भिगो दिया जाता है। कुछ दिन में शुक्ति के घुल जाने पर घोल दूध के रंग का हो जाता है। एक प्याले घोल का सेवन प्रतिदिन नाश्ते के पूर्व करना लाभप्रद होता है।

5. दउट मत्स्य तेल (अलबलिक यागी): इस तेल को लकवा, बेडः–सोर तथा आर्टियोस्कलेरोसिस के उपचार में प्रयोग करते हैं। लकवे में पीड़ित भाग पर तथा बेडसोर में जख्म पर तेल लगाया जाता है। तेल बनाने के लिए मछली को जैतून के तेल में रख देते हैं और उसके पूर्णतः घुल जाने पर घोल से मालिश की जाती है। यह तेल अस्थि रोग निवारण में भी लाभकारी सिद्ध हुआ है।

6. कूर्म (कछुआ) पृष्ठ (ढोसबागा काबुगू) : कूर्म पृष्ठ का उपयोग झाड़फूंक में दुष्प्रभाव हटाने हेतु किया जाता है।

इसी प्रकार यूनानी चिकित्सा पद्धति में भी समुद्री संसाधनों का बहुतायत से उपयोग हुआ है। तथा पौधों के चिकित्सकीय गुणों के अध्ययन में अरब चिकित्सकों ने भी महत्त्वपूर्ण योगदान दिया है।

होम्योपैथिक चिकित्सा में समुद्री औषधियाँ

वस्तुतः होम्योपैथिक चिकित्सा पद्धति को 'सदृश विधान चिकित्सा' भी कहते है अर्थात् किसी भी स्वस्थ शरीर में एक औषधि के बार–बार प्रयोग से औषधि के गुण स्वरूप उत्पन्न कितने ही रोग सदृश लक्षण प्रकट हुआ करते है। यदि किसी रोग में वे सब लक्षण

प्रकट हों तो उस रोग में उसी दवा की सूक्ष्म मात्रा का प्रयोग करके जो चिकित्सा की जाती है उसे ही होम्योपैथिक चिकित्सा पद्धति कहते हैं। इस चिकित्सा पद्धति की नींव महात्मा सैम्यूल हैनीमैन ने अठारहवीं शताब्दी में डाली थी।

समुद्री उद्‌गम से प्राप्त होम्योपैथिक औषधियों को उनकी उत्पत्ति के अनुसार मुख्यतः तीन वर्गों में वर्गीकृत किया गया है।

1. समुद्री जीव जंतुओं से प्राप्त औषधियाँ
2. समुद्री वनस्पतियों से प्राप्त औषधियाँ
3. समुद्री जल एवं पत्थरों से प्राप्त औषधियाँ

1. समुद्री जीव जंतुओं से प्राप्त औषधियाँ

(क) सीपियाँ – यह औषधि समुद्र की कटल नामक मछली की स्याही की तरह के काले रस (Inky juice) को लेकर तैयार की जाती है। यह औषधि स्त्रियों की नाना प्रकार की बीमारियों में लाभदायक है और एक एंटीसेप्टिक दवा है। इस औषधि के मुख्य चरित्रगत लक्षण निम्नलिखित हैं –

(i) पेट में प्रसव के दद्र की तरह दर्द

(ii) जरायु का बाहर निकल पड़ना

(iii) जरायु का कड़ापन व दर्द

(iv) योनि के ऊपरी भाग में फुंसियां, उसमे खुजली व दर्द

(v) रक्त प्रदर

(vi) गरमी के दिनों में बीमारी का बढ़ना

उपर्युक्त लक्षणों के अलावा इस औषधि का प्रयोग गर्भ स्राव, जरायु की बीमारियों, ऋतु स्राव, श्वेत प्रदर, सिर दर्द, प्रमेह, कब्जियत्, अजीर्ण, चर्म रोगों, आँख की बीमारी एव सविराम ज्वर में किया जाता है।

(ख) ऐस्टिरियस रियुबेन्स – इस औषधि का मूल अर्क स्टार नामक मछली को जीवित अवस्था में काटकर तैयार किया जाता है। इसका प्रयोग स्नायु संबंधी कई रोग, हिस्टीरिया, स्नायुशूल तथा कोरिया आदि रोगों में होता है। इसका प्रयोग स्तन कैंसर में भी

लाभकारी होता है। इस औषधि के मुख्य चरित्रगत लक्षण निम्नांकित है।

(i) मामूली बात में उत्तेजित होना।

(ii) सिर गरम रहना तथा मस्तिष्क में रक्त की अधिकता।

(iii) सुबह–शाम सिर दद्र रहना।

(iv) स्तन का कैंसर तथा ऋतु के पहले स्तनों में सूजन।

(v) मिरगी का दौरा आरंभ होने से पूर्व समूचे शरीर में फड़कन।

(vi) अतिसार।

इसके अतिरिक्त इस औषधि का प्रयोग वक्षस्थल के रोगों, कब्ज, स्नायवीय रोग तथा स्त्री रोग में भी लाभकारी होता है।

(ग) ओलियम जैकोरिस – यह औषधि कॉड नामक मछली के यकृत से तैयार की जाती है। इसमें आयोडीन अधिक मात्रा में उपलब्ध होती है। अतः आयोडीन की कमी से जो रोग होते हैं, उसमे इसका प्रयोग होता है, जैसे – गांठ, सर्दी, खांसी, पोषण क्रिया की कमी, यकृत, आंत, पाचन तंत्र का विकार, रक्त के लाल कणों का घटना। जिन बीमारियों में आयोडीन से लाभ नहीं होता है, उनमें यह औषधि लाभकारी होती है। मुख्यतः इस औषधि का प्रयोग गांठों की बीमारी, हड्डी का घाव व सूजन, सर्दी–खांसी, अतिसार, वृक्षस्थल की बीमारी, ज्वर तथा दाद आदि में किया जाता है।

(घ) म्यूरेक्स परप्यूरिया – यह औषधि भूमध्यसागर में पाये जाने वाले एक तरह के जीवित शंबूक (घोंघा) की गरदन के रंगीन अंश से तैयार की जाती है। साधारणतया स्त्रियों की बीमारी के लिए इसका प्रयोग होता है। इस औषधि के प्रधान चरित्रगत लक्षण तीन हैं, जो नीचे वर्णित किए गए हैं –

(i) ऐसा प्रतीत होना कि जरायु बाहर निकल पड़ी है।

(ii) जरायु के दाहिनी ओर नया दर्द, जो सारे शरीर में घूमता फिरता और आंतों के बाई ओर चला जाता है।

(iii) प्रबल कामेच्छा, स्नायुप्रधान और अभिमानिनी स्त्रियों पर ही इसकी विशेष क्रिया होती है। इस औषधि को मुख्यतः

जरायु के बाहर निकलने में, कामोत्तेजना के बढ़ने में, पेशाब की तथा गर्भावस्था में गांठों में दर्द आदि में किया जाता है।

(ड) लिनेरिया – यह औषधि समुद्री टोड के फ्लेक्स से तैयार की जाती है। इस औषधि का प्रयोग डकार, मितली, मुख से लार बहना व पाक स्थली में दबाव मालूम पड़ना, अदम्य, औंघाई प्रभृति आदि इसके प्रमुख लक्षण हैं। इसका प्रयोग यूसिटैटिसिमम घनुष्टंकार व जीभ के पक्षाघात में तथा पेशाब का वेग बिल्कुल ही न रोक पाना, रात के समय वेग व जलन आदि के निदान में लाभकारी है।

2. समुद्री वनस्पतियों से प्राप्त औषधियाँ

(क) साइक्यूटा विरोसा – यह औषधि समुद्र में पैदा होनेवाले एक तरह के गुल्म का अर्क है। यह औषधि स्नायुमंडल पर अपनी क्रिया प्रकट करके आक्षेपयुक्त लक्षण उत्पन्न करती है। जैसे – हिचकी, घनुष्टंकार, चिहुकबाई, खींचन इत्यादि। इस औषधि का प्रयोग भुख्यतः टंकार, मेनिन्जाइटिस और टंकार मस्तिष्क झिल्ली की प्रदाह, कान की बीमारी, हृत्पिण्ड की बीमारी, हिचकी, चर्मरोग, आभास तथा बेहोशी के साथ आक्षेप या टंकार में किया जाता है।

(ख) फ्युकस वेसिक्युलोसस – इस औषधि का मूल अर्क सेवार से तैयार किया जाता है। मुख्यतः इस औषधि का प्रयोग जबरदस्त कब्ज, मोटापन तथा गलगण्ड (घेंघा) में बहुत लाभदायक है।

(ग) ऑक्सीट्रापिस – यह औषधि एक प्रकार की समुद्री घास से तैयार की जाती है। प्रमुखतः इसका प्रयोग पक्षाघात, गठिया, ज्वर एवं चक्कर आने में किया जाता है।

3. समुद्री जल एवं पत्थरों से प्राप्त औषधियाँ

(क) ब्रोमियम : यह औषधि लवणीय झरने के पानी तथा समुद्री पानी में आयोडीन के साथ मिलती हैं, जो रासायनिक प्रक्रिया से पृथक की जाती है। इस औषधि का प्रयोग मुख्यतः डिप्थीरिया में, खांसी, दमा, हूपिंग खांसी और काली खांसी में गांठों के फूलने में,

जरायु के वायु संचय हृत्पिण्ड की बीमारी में तथा अंडकोष की बीमारी में उपयोगी होता है। इसके अतिरिक्त इसकी क्रिया स्वरयंत्र तथा श्वासनली पर भी होती है।

(ख) स्पांजिया टोस्टा : यह औषधि स्पंज के कंकाज से तैयार की जाती है। इसकी प्रधान क्रिया ग्रंथियों, श्लैष्मिक झिल्ली और श्वास तंत्र पर होती है। इसका मुख्यतः प्रयोग घुंडी (काली खांसी), अण्डकोष की बीमारियों, हृत्पिण्ड की बीमारियों में, गलगण्ड (घेंघा), यक्ष्मा और खांसी में उपयोगी है।

(ग) स्कयूला मारिटीमा : यह औषधि सी–ओनियन से तैयार की जाती है। इसकी प्रधान क्रिया हृदय, गुर्दे एवं प्लीहा पर होती है। मुख्यतः इसका निमोनिया में प्रयोग किया जाता है।

नमक – मानव द्वारा खोजा गया महत्वपूर्ण रसायन

वस्तुतः नमक एक ऐसा रासायनिक यौगिक है जिसकी आवश्यकता प्रत्येक जीवधारी को होती है। सभी जीव प्रकृति के विभिन्न स्रोतों से अपनी लवण आवश्यकता की पूर्ति करते हैं। संभवतः नमक, मानव द्वारा खोजा और उपयोग में लाया गया पहला रसायन है। पृथ्वी पर प्रारंभिक जीव–जंतुओं का विकास सागर के लवणीय जल में हुआ था। अतः नमक, पृथ्वी के प्राणियों की एक बुनियादी आवश्यकता है।

विश्व के अनेक शहरों के नाम भी नमक से रखे गए हैं, जैसे– अमेरिका का सॉल्टलेक सिटी, जर्मनी के कई पुराने नगरों के नाम हेलिन (Hallein) से है, जिसका अर्थ हेल (Halle) नमक से है। इसी प्रकार ब्रिटेन में अनेक शहरों के नाम विच (Wich) से हैं, जैसे – नार्थविच, नेंटविच, ड्रोइटविच आदि यद्यपि प्रवास स्थल है, परंतु नमक उद्योग के क्षेत्र होने से प्रसिद्ध हैं। भारत में मीठापुर, नमक नगर (गुजरात), नमक शहर नावां (राजस्थान) आदि इसके उदाहरण हैं। राजस्थान की एक बरसाती नदी का नाम भी 'लूनी' है।

नमक से संबंधित मुहावरे और किंवदंतियों की भी कमी नहीं हैं। 'नमकहलाल', 'नमकहराम', ''मैंने आपका नमक खाया है', 'जले पर नमक छिड़कना', 'अलोना स्वाद', 'नमक का मोल चुकाना' तथा लावण्यमयता आदि बहुत प्रचलित शब्द हैं। कई स्थानों पर नमक के

दाने को हाथ में रखकर शपथ भी ली जाती है। ऐसा अनुभव किया गया है कि स्वादिष्ट व्यंजन बना हो परंतु उसमें यदि नमक नहीं हो, तो सारा मजा ही किरकिरा हो जाता है। ऐसी भी किंवदंति है कि आदि मानव ने समुद्रतट के पास किसी खड्डे में चमकीले क्षार को देखा और उसे थोड़ा सा उठाकर मुँह में डाला तो उसे उसका स्वाद बहुत ही विलक्षण लगा। एक दिन थोड़े से क्षार को उसने अपने खाद्य पदार्थ पर डाला तो वह खाद्य पदार्थ उसे स्वादिष्ट लगा। इस प्रकार उसने अपने भोजन में नमक के उपयोग का शुभारंभ किया।

नमक का ऐतिहासिक परिदृश्य

नमक का इतिहास पृथ्वी पर सभ्यता के इतिहास जितना ही पुराना है। प्रागैतिहासिक काल से ही मानव द्वारा नमक को एक आवश्यक खाद्य सामग्री के रूप में उपयोग में लाये जाने के संकेत मिलते हैं। नमक ने मानव इतिहास में भी महत्वपूर्ण योगदान दिया है। वस्तुतः प्रागैतिहासिक काल के दौरान जिन दो खनिजों का सर्वाधिक उपयोग किया जाता था उनमें मुख्य थे – चकमक (फ्लिंट) तथा नमक। फ्लिंट का उपयोग आग उत्पन्न करने के लिए तथा औजारों के निर्माण के लिए जितना व्यापक स्तर पर होता था, उतना ही व्यपक स्तर पर नमक का उपयोग खाद्य पदार्थों में किया जाता था। प्रागैतिहासिक काल तथा पूर्व ऐतिहासिक काल के दौरान नमक का मूल्य सोने, चाँदी से भी अधिक आँका जाता था। उस काल में नमक हरामी' को एक बहुत बड़ा पाप समझा जाता था।

तेरहवीं शताब्दी में ग्लोब ट्रोटर (Trotter), मार्को थोलो आदि ने अपनी तिब्बत यात्रा के दौरान उल्लेख किया कि उन्होंने नमक का उपयोग एक मुद्रा के रूप में किया। तिब्बत और अफ्रीका के कुछ देशों में नमक का उपयोग चलमुद्रा के रूप में भी हुआ। पुरातनकाल में हमारे देश में भी नमक का आयात किया जाता था। अतीत में यातायात के कई मार्ग नमक के कारण ही अस्तित्व में आए थे। कोकण समुद्रतट की जो चीजें पश्चिमी घाट के दर्रों से होकर पूर्व की ओर पहुँचती थी उनमें नमक का स्थान प्रमुख था। रोमन सैनिकों को वेतन का कुछ भाग नमक के रूप में भी दिया

जाता था। पाइथागोरस के काल (600 बी०सी०) में नमक को न्याय का प्रतीक माना जाता था। बाइबिल में दिए गए विवरणों के अनुसार उस काल में नमक को विश्वसनीयता तथा पांडित्य का प्रतीक माना जाता था। चीन में 2200 ईसा पूर्व नमक को सर्वप्रथम उपयोग में लाए जाने के उल्लेख मिलते हैं। प्राचीन मिस्र में नमक का उपयोग शवों को सुरक्षित रखने के लिए किया जाता था। प्राचीन काल के व्यापार मार्गों की जानकारी प्रदान करने में नमक का बहुत बड़ा योगदान रहा है। ऐसा ही एक प्राचीन व्यापार पथ था इटली में ललारिया होकर जिस रास्ते द्वारा ऑस्ट्रिया में उत्पादित नमक को सवाइन देश में लाया जाता था। हिरोडोट्स द्वारा लिखित ग्रंथों के अध्ययन से विदित होता है कि लीबिया मरुस्थल से नमक के क्षेत्रों को जोड़ते हुए एक मार्ग था, जिससे होकर नमक की बोरियों से लदे ऊँटों का कारवाँ गुजरता था। वर्तमान में भी सहारा क्षेत्र में ऊँटों के कारवाँ द्वारा मुख्य रूप से नमक ही ढोया जाता है। प्राचीन मिस्र देश में नमक का व्यापार राजकीय नियंत्रण में होता था तथा इससे प्राप्त होनेवाली राशि 'शाही' आय का एक बहुत बड़ा भाग होती थी।

समूचे विश्व में रोटी और नमक का साथ–साथ शब्द प्रयोग होता देखा गया है। भारत में, अभी भी कई ऐसी प्रथाएं विद्यमान हैं, जहाँ दो व्यक्ति अथवा दो पार्टियाँ अपने संबंधों या समझौतों को स्थाई रखने हेतु नमक की चुटकी को पानी में डालकर शपथ लेते हैं। पंजाब में ऐसी किंवदंति है कि नमक को फैंकने या अनावश्यक रूप से नष्ट करने पर अगले जन्म में उसे आँख की पलकों से उठाना पड़ेगा। अतः विश्व के अनेक देशों में इस प्रकार नमक से संबंधी रहस्य बने हुए हैं। कई देशों के लोग ईश्वर को रोटी तथा नमक का प्रदाता होने के कारण उनकी पूजा करते हैं।

अंग्रेजी भाषा के सॉल्ट (नमक) और सैलरी (वेतन) शब्द लैटिन भाषा के साल (नमक) शब्द से उत्पन्न हुए हैं। वस्तुतः नमक, फारसी भाषा का शब्द है। संस्कृत भाषा में इसे लवण कहते हैं। इसी से लौण, लोना, लोनी, लोनिया आदि शब्द बने हैं। नमक के विभिन्न भाषाओं में अलग–अलग नाम भी है जो निम्नांकित हैं।

बंगला	– निमोक या नून
राजस्थानी	– लूण
मराठी	– मीठ
गुजराती	– मिठु
संस्कृत	– लवण
तमिल, कन्नड़	– उप्पू

वैदिक साहित्य में अथर्ववेद (7.76.1) में नमक या लवण के बारे में जानकारी का उल्लेख मिलता है, जहाँ इसे गंडमाला (Goitre) के निवारण के लिए उपयोगी बताया गया है। लवण को मूल्यवान वस्तु भी माना गया है। महर्षि पाणिनी ने लवण को एक पण्य वस्तु बताया है और इसका व्यापार करने वाले को लावणिक कहा गया है। बुद्ध व महावीर के समय के अरण्यवासी तपस्वी अधिकतर कंद–मूल–फल आदि से अपना निर्वाह चलाते थे, परंतु नमकीन व खट्टी चीजें चखने के लिए व बीच–बीच में समीप की बस्तियों में पहुंच जाते थे।

सुश्रुत संहिता में सैंधव (सैंधा), सामुद्रक (समुद्री जल से बना), पवित्रम (पाक द्वारा बनाया गया), सौवर्चल, यवक्षार आदि कई प्रकार के लवणों का वर्णन किया गया है। इसी प्रकार कौटिल्य के अर्थशास्त्र (2.12.28.34) से विदित होता है कि मौर्यकाल में नमक के उत्पादन और वितरण पर नियंत्रण रखने के लिए लवणाध्यक्ष नामक अधिकारी नियुक्त किया जाता था। ऐसा भी उल्लेख मिलता है कि नमक उत्पादन के लिए शासन से अनुज्ञापत्र प्राप्त करना पड़ता था। और उत्पादन कर तथा बिक्री कर भी देने पड़ते थे। आयातित नमक पर अधिक शुल्क देना पड़ता था। नमक में मिलावट करना एक दंडनीय अपराध माना जाता था।

मानव जीवन में धीरे–धीरे नमक का महत्व इतना अधिक बढ़ता गया कि इसके वितरण में असमानता के कारण प्राचीन समाज में कई बार विद्रोह खड़े हो जाते थे। फ्रांसीसी क्रांति का एक बहुत बड़ा कारण भी तत्कालीन शासकों द्वारा नमक पर कर लगाया जाना था।

हमारे राष्ट्रपिता महात्मा गांधी ने नमक पर ब्रिटिश सरकार द्वारा लगाए गए अत्यधिक कर के विरोध में सन् 1930 ई० में **नमक सत्याग्रह जनांदोलन** (दांडी यात्रा) (चित्र 52) किया। इसके फलस्वरूप ही उस समय भारतवासियों को नमक पर राहत मिली। गांधीजी द्वारा छेड़ा गया नमक आंदोलन तथा दांडी यात्रा विश्व इतिहास की एक प्रमुख घटना मानी जाती है।

चित्र – 52. महात्मा गांधी का नमक हेतु आंदोलन

विश्व भर में प्रतिवर्ष 230 मिलियन टन से भी अधिक नमक का उत्पादन होता है। हमारे देश में 19–20 मिलियन टन नमक का उत्पादन होता है तथा भारत का नमक उत्पादन के क्षेत्र में तीसरा स्थान है। विश्व के सर्वाधिक नमक उत्पादक देश क्रमशः अमेरिका तथा चीन है। देश के कुल नमक उत्पादन (वर्ष 2007–08 में 178. 45 लाख टन) का 70 प्रतिशत उत्पादन गुजरात राज्य में होता है, शेष तमिलनाडु में 21.68 तथा 8.32 प्रतिशत राजस्थान में होता है। इस दृष्टि से गुजरात देश का सर्वाधिक नमक उत्पादक राज्य है। राज्यवार नमक उत्पादन को चित्र – 53 में दर्शाया गया है।

कुल उत्पादित नमक में से 60 प्रतिशत से भी अधिक नमक औद्योगिक उपयोग और 40 प्रतिशत खाद्य हेतु उपयोग में लिया जाता है, जिसमें सबसे अधिक उपयोग क्लोर–आल्कली उद्योग में किया जाता है। जो नमक औद्योगिक क्षेत्र में उपयोग किया जाता है उसकी शुद्धता अधिक होना अनिवार्य है।

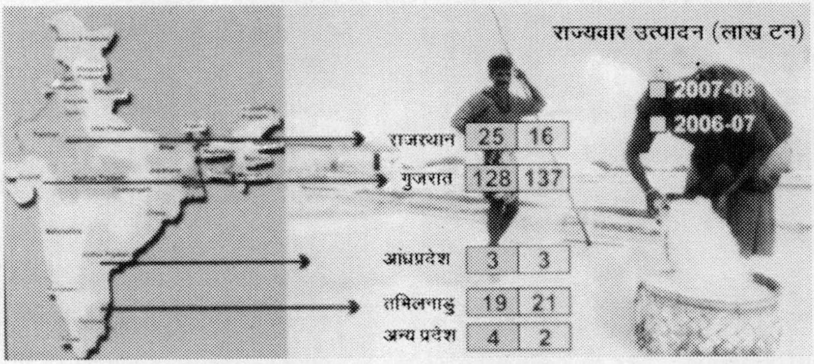

चित्र – 53. राज्यवार नमक उत्पादन

सारणी–11 में वर्ष 1947 से 2007–08 तक देश में नमक उत्पादन को दर्शाया गया है तथा सारणी – 12 में राज्यवार नमक उत्पादन का विवरण दिया गया है।

सारणी – 11. वर्ष 1947 से वर्ष 2007–08 तक देश में नमक उत्पादन (प्रति 1000 किलोग्राम)

वर्ष	उत्पादन	वर्ष	उत्पादन
1947	1929.8	1978	6693.5
1948	2374.8	1979	7037.0
1949	2075.8	1980	8007.4
1950	2661.9	1981	8923.2
1951	2776.1	1982	7308.8
1952	2868.9	1983	7004.8
1953	3213.2	1984	7652.9
1954	2758.6	1985	9874.9
1955	3025.2	1986	10,111.5
1956	3317.6	1987	9899.5
1957	3670.1	1988	8311.5
1958	4195.7	1989	9870.3
1959	3177.9	1990	12,398.6
1960	3435.5	1991	12394.6
1961	3480.6	1992	13552.8

1962	3886.1	1993	13,727.8
1963	3544.1	1994	12,344.2
1964	4646.8	1995	12,544.0
1965	4119.3	1996	14466.1
1966	4521.5	1997	14261.1
1967	4488.2	1998	11964.4
1968	5043.7	1999	14452.7
1969	5173.4	2000	15651.3
1970	5588.2	2001	14284.0
1971	5426.1	2002	17879.2
1972	6517.1	2003	14882.4
1973	6860.2	2004	14761.2
1974	5912.9	2005–2006	18969.0
1975	5842.9	2006–2007	17898.2
1976	4076.4	2007–2008	17845.2
1977	5328.5		

सारणी–12. वर्ष 2007–2008 में राज्यवार नमक उत्पादन (मी०टन०)

क्र०सं०	राज्य का नाम	उत्पादन
1	आंध्रप्रदेश	320.2
2	गोआ	3.0
3	गुजरात	12765.2
4	हिमाचल प्रदेश	1.2
5	कर्नाटक	22.6
6	महाराष्ट्र	240.2
7	उड़ीसा	28.7
8	राजस्थान	2530.4
9	तमिलनाडू	1917.8
10	पश्चिम बंगाल	15.6
11	दियु तथा दमन	0.3
	योग	17845.2

नमक का खनन

यह प्रेक्षित किया गया है कि अवसादी निक्षेपों (Sedimentary Deposites) के रूप में सेधा नमक (रॉक सॉल्ट) भू सतह के हजारों वर्ग किलोमीटर क्षेत्र में फैला हुआ है। सेंधा नमक के ये निक्षेप कुछ स्थानों पर भू–सतह पर ही दिखाई देते हैं, परंतु कहीं–कहीं ये अन्य अवसादी चट्टानों के नीचे दबे पड़े मिलते हैं। यदि नमक की परत भू सतह के ऊपर पहाड़ों के रूप में उपलब्ध हो तो इसे तोड़ कर प्राप्त कर लिया जाता है। कभी–कभी नमक की परत भू सतह के ऊपर पहाड़ों के रूप में उपलब्ध हो तो इसे तोड़ कर प्राप्त कर लिया जाता है। कभी–कभी नमक की परत भू–सतह से कुछ गहराई पर भी पाई जाती है। ऐसी परिस्थिति में नमक प्राप्त करने के लिए पृथ्वी की सतह पर ड्रिलिंग कर पंप के द्वारा जल भेजा जाता है। यह जल नमक की परत में जाकर उसे घुला लेता है तथा पुनः भू सतह के ऊपर लौट आता है। चीन में सर्वप्रथम सन् 400 ई० में इस विधि को अपनाया गया था।

यदि सेंधा नमक की परत कुछ अधिक गहराई पर होती है तो चानक (शैफ्ट) खोदकर खान बनायी जाती हैं तथा नमक का खनन किया जाता है। नमक की खान बहुत सुंदर तथा रमणीय होती है। ये खानें शुष्क, हवादार तथा सामान्य तापमान पर होती हैं। नमक की खान के भीतर का दृश्य बहुत अधिक आकर्षक होता है। यद्यपि विश्व में सेंधा नमक की अत्यधिक खानें हैं, परन्तु सबसे प्रमुख पोलैंड की विजिल्का स्थित खान है। यहाँ विगत कई शताब्दियों से नमक के खनन का कार्य होता आ रहा है। हमारे देश में सेंधा नमक हिमाचल प्रदेश के मंडी जिले में "गोखर की धार" नामक पहाड़ पर मिलता है। वर्तमान में हमारे देश में सेंधा नमक का वार्षिक उत्पादन भी लगभग तीन हजार टन से कुछ अधिक है।

नमक का उत्पादन

हमारे देश में नमक का प्रमुखतः उत्पादन समुद्री जल, अवमृदा लवणीय जल (subsoil brine) तथा लवणयुक्त झीलों से प्राप्त किया जाता है। राजस्थान की सांभर (चित्र – 54) तथा डीडवाना आदि झीलों के लवणीय पानी से भी नमक निकाला जाता है। देश

में राजस्थान ही एक ऐसा राज्य है जो झील में से नमक का उत्पादन करता है। हमारे देश में अधिकांश नमक, लगभग 75 प्रतिशत, समुद्री जल के सौर वाष्पीकरण द्वारा ही प्राप्त किया जाता है। समुद्री जल में औसतन लगभग 3.33 प्रतिशत नमक (सोडियम क्लोराइड) होता है। इस प्रकार समुद्री जल नमक का सबसे प्रचुर और अनंत स्रोत है।

चित्र – 54. सांभर झील

पेडल पंपिंग द्वारा समुद्र का पानी लिया जा रहा हैं

सौर वाष्पीकरण के माध्यम से नमक प्राप्त करने की प्रक्रिया में जिस घटक का महत्वपूर्ण योगदान होता है वह है समुद्री जल का विशिष्ट गुरुत्व, जिसे बामेमीटर द्वारा मापा जाता है। इसे डिग्री बॉमे (Be) में व्यक्त किया जाता है। इनके बीच का संबंध सूत्र निम्नवत् है।

$$\text{विशिष्ट गुरुत्व} = \frac{145}{145 - {}^{\circ}\text{बॉमे}} \text{ अथवा}$$

$$^{\circ}\text{बॉमे} = 145 - \frac{145}{\text{विशिष्ट गुरुत्व}}$$

समुद्री जल का विशिष्ट गुरुत्व 3° से 3.5° बॉमे तक रहता है। 3.5° बॉमे विशिष्ट गुरुत्व पर समुद्री जल का संयोजन प्रायः इस प्रकार रहता है।

घटक	ग्राम / लीटर
कैल्सियम कार्बोनेट	0.42
कैल्सियम सल्फेट	1.26
सोडियम क्लोराइड	27.21
मैग्नीशियम सल्फेट	1.66
मैग्नीशियम क्लोराइड	3.31
मैग्नीशियम ब्रोमाइड	0.72
पोटैशियम क्लोराइड	0.08

भारत में समुद्री लवणीय जल से नमक उत्पादन हेतु दो प्रकार की विधियाँ, यथा – एकल सिंचाई (Single Irrigation) तथा बहुसिंचाई (Multiple Irrigation) हैं।

एकल सिंचाई विधि में नमक प्राप्त करने के लिए समुद्री जल को उच्च ज्वार के समय या पंप करके समीप के जलाशयों में भर लिया जाता है। तब यह लवण जल सौर ऊष्मा के प्रभाव से धीरे–धीरे सांद्रित होता रहता है। लवण जल का घनत्व 10° बॉमे हो जाने पर कैल्सियम कार्बोनेट पृथक होने लगता है और 17° बॉमे हो जाने पर कैल्सियम सल्फेट (जिप्सम) भी अलग होने लग जाता है।

जब समुद्री जल का सांद्रण धीरे–धीरे 25° बॉमे पर पहुँचता है, तब उसका आयतन मूल आयतन के 12 प्रतिशत तक रह जाता है। उस समय उस सांद्रित जल को दूसरी क्यारियों में पहुँचाया जाता है। जब उन क्यारियों या जलाशयों की तली में नमक के स्फटिक (क्रिस्टल) बनने लग जाते हैं। तली में नमक की एक समुचित परत जमा हो जाने पर लकड़ी की फावड़ियें से उसे एकत्रित कर लिया जाता है। यह प्रेक्षित किया गया है कि नमक अर्थात् सोडियम

क्लोराइड के क्रिस्टल समुद्री जल का घनत्व 25 से 29º बॉमे होने पर बनने लगते हैं। नमक निकलने के पश्चात् जो द्रव बचता है उसका घनत्व लगभग 30º बॉमे होता है। उस द्रव में मैग्नीशियम सल्फेट, मैग्नीशियम क्लोराइड और मैग्नीशियम ब्रोमाइड जैसे लवण होने के कारण वह कड़वा होता है, इसलिए अंग्रेजी में उसे 'बिटर्न' (Bittern) नाम दिया गया है। बिटर्न से पोटाश, मैग्नीशियम और ब्रोमीन जैसे उपयोगी रसायन प्राप्त किए जा सकते हैं। नमक उत्पादन की बहु सिंचाई विधि में क्रिस्टलक को 4'' से 5'' सांद्रित ब्राइन में आवेशित किया जाता है तथा उसकी वाष्पण हेतु पुनः पूर्ति की जाती है। इस प्रकार 3'' से 9'' तक मोटाई की परतों में नमक जमने लगता है। इस बात का विशेष ध्यान रखा जाता है कि क्रिस्टलक में समुद्री जल का सांद्रण 30º बॉमे से अधिक नहीं बढ़ पाए। इस प्रकार मौसम में 3 से 4 बार नमक का उत्पादन प्राप्त किया जा सकता है। यह विधि एकल सिंचाई विधि से आर्थिक दृष्टि से अधिक उपादेय है तथा इस विधि से प्राप्त नमक भी अधिक शुद्ध व साफ होता है।

नमक उत्पादन की प्रक्रिया को चित्र – 55 में दर्शाया गया है।

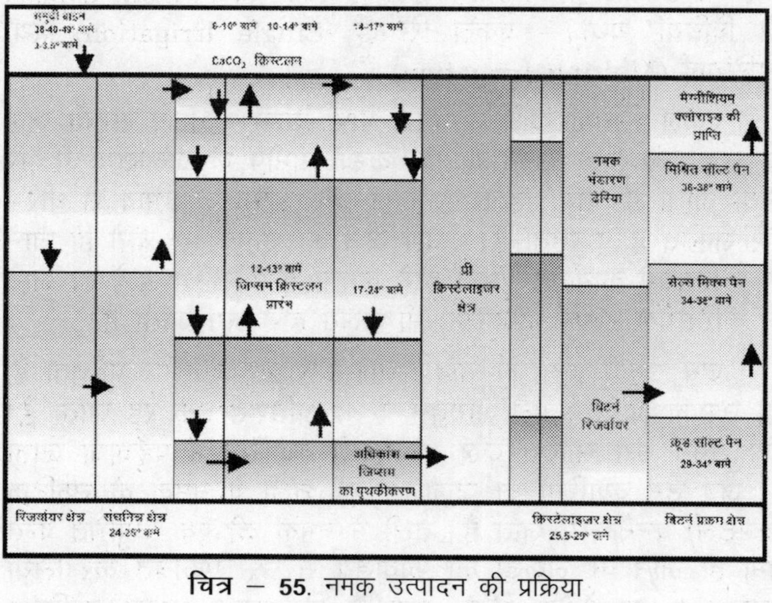

चित्र – 55. नमक उत्पादन की प्रक्रिया

इस प्रकार से प्राप्त नमक में कैल्सियम, मैग्नीशियम तथा सल्फेट की अशुद्धियाँ होती है। इसके अतिरिक्त क्ले, भारी धातुओं, पोटैशियम ब्रोमाइड, आयोडाइड तथा सूक्ष्म शैवाल के रूप में जैविक पदार्थ भी विद्यमान रहते हैं। नमक में आर्द्रता भी हानिकारक होती है क्योंकि इससे नमक के जमने एवं परिवहन में दुविधा होती है। नमक में विद्यमान अशुद्धियाँ का इसके उपयोगानुसार प्रभाव होता है।

सौर वाष्पण के द्वारा समुद्री जल से मात्रा व गुणवत्ता की दृष्टि से बेहतर नमक का उत्पादन प्राप्त करने के लिए अनुकूल वातावरण तथा व्यवस्था की आवश्यकता होती है। नमक उत्पादन के लिए अनुकूल मौसमी परिस्थितियाँ निम्नवत् हैं।

धूप वाले दिन	– वर्ष में 150 दिन
परिवेशी तापमान	– 20° से 45° से०
वायु वेग	– 10 से 15 किलोमीटर प्रति घंटा
सापेक्ष आर्द्रता	– 30 से 40 प्रतिशत

समुद्री जल से नमक (सोडियम क्लोराइड) प्राप्त होने से पहले जिप्सम (कैल्सियम सल्फेट) के बड़े–बड़े स्फटिक प्राप्त होते हैं। इनमें मिट्टी और कैल्सियम कार्बोनेट होने के कारण ये मटमैले होते हैं, फिर भी इनसे सामान्य किस्म का 'प्लास्टर ऑफ पेरिस' बनाया जाता है। भावनगर स्थित केन्द्रीय नमक एव समुद्री अनुसंधान संस्थान ने एक ऐसी विधि विकसित की है जिसके द्वारा इसी जिप्सम को अल्फा 'प्लास्टर ऑफ पेरिस' में रुपांतरित किया जा सकता है। इस प्रकार जो शक्तिशाली प्लास्टर बनता है उसका उपयोग कृत्रिम दांतों तथा धातुओं के सांचों को बनाने में होता है।

नमक पर अनुसंधान एवं इसकी गुणवत्ता में सुधार

नमक के क्षेत्र में अनुसंधान की आवश्यकता वर्ष 1940 से पूर्व वैज्ञानिक एवं औद्योगिक अनुसंधान परिषद् (CSIR) द्वारा प्रतिपादित की गई; जब स्व० एस०एस० भटनागर की अध्यक्षता में नमक

अनुसंधान समिति गठित की गई। तत्पश्चात् इस समिति का विलय भारी रसायन समिति में हुआ, जिसका पुनर्गठन वर्ष 1948 में डॉ॰ माताप्रसाद की अध्यक्षता में हुआ। सितम्बर 1951 में कार्य मंत्रालय (उत्पादन एवं आपूर्ति) ने प्रस्ताव दिया कि सी.एस. आई.आर.के अधीनस्थ नमक एवं समुद्री रसायनों के क्षेत्र में गहन शोध कार्य हेतु केन्द्रीय नमक अनुसंधान संस्थान को स्थापित किया जाय। तथा यह भी सुझाव दिया गया कि इस संस्थान की स्थापना, सौराष्ट्र के केन्द्र में की जाय। उस समय भावनगर, जो उच्च शिक्षा के क्षेत्र में उभरता केन्द्र था, को इस संस्थान की स्थापना के लिए उपयुक्त स्थान चुना गया। अंततोगत्वा वैज्ञानिक एवं औद्योगिक अनुसंधान परिषद् के तहत एक राष्ट्रीय शोध संस्थान के रूप में केन्द्रीय नमक एवं समुद्री रसायन अनुसंधान संस्थान (सीएसएमसीआरआई) की सुस्थापना भावनगर में देश के प्रथम प्रधानमंत्री स्व॰ पं॰ जवाहरलाल नेहरू द्वारा 10 अप्रैल 1954 को की गई।

सी०एस०एम०सी०आर०आई० का उच्च स्तरीय नमक उत्पादन में योगदान

भारत सरकार की वैज्ञानिक और औद्योगिक अनुसंधान परिषद् (CSIR) की महत्वपूर्ण प्रयोगशाला केन्द्रीय नमक एवं समुद्री रसायन अनुसधान संस्थान, भावनगर ने देश में नमक एवं अन्य रसायनों के उत्पादन में अंतरराष्ट्रीय स्तर का कार्य कर देश–विदेश में ख्याति अर्जित की है। इस संस्थान के वैज्ञानिकों ने समुद्री जल तथा अवमृदा लवणीय जल से औद्योगिक श्रेणी का उच्च स्तरीय नमक प्राप्त करने की नवीनतम विधि विकसित कर इस पर यू०एस० पेटेन्ट नं० (6, 890509 दिनांक 10–5–2005) भी प्राप्त किया है। इस संस्थान के वैज्ञानिकों ने कम सोडियम वाला नमक (Low Sodium Salt-Lona), पोटैशियम और मैग्नीशियम जैसे उपयोगी समुद्र रसायन भी प्राप्त किए हैं।

भारतीय मानक ब्यूरो (BIS) ने औद्योगिक ग्रेड के साधारण नमक के कुछ विनिर्देश निर्धारित किए हैं, जो निम्नवत् हैं।

भारतीय मानक ब्यूरो द्वारा निर्धारित साधारण नमक के विनिर्देश

संघटक	औद्योगिक ग्रेड–I	औद्योगिक ग्रेड – II
सोडियम क्लोराइड (NaCl के रूप में) प्रतिशत मात्रा के परिप्रेक्ष्य में न्यूनतम	99.5	98.5
जल में अविलेय पदार्थ, प्रतिशत मात्रा के परिप्रेक्ष्य में अधिकतम	0.05	0.20
कैल्सियम लवण (Ca) प्रतिशत मात्रा के परिप्रेक्ष्य में अधिकतम	0.03	0.20
मैग्नीशियम लवण (Mg) प्रतिशत मात्रा के परिप्रेक्ष्य में अधिकतम	0.01	0.10
सल्फेट (SO_4) प्रतिशत मात्रा के परिप्रेक्ष्य में, अधिकतम	0.20	0.50
सूक्ष्म धातु अशुद्धियाँ	परिमेय परास के अंदर	परिमेय परास के अंदर

सीएसएमसीआरआई के वैज्ञानिकों ने अपने अन्वेषण द्वारा ज्ञात किया है कि ब्राइन के समुचित प्रबंधन, यथा – क्रिस्टलकों के गहरे आवेशन तथा श्रेणी संभरण (आवेशन एवं विसर्जन) द्वारा कम कैल्सियम संदूषण वाला नमक प्राप्त किया जा सकता है। इस संस्थान के वैज्ञानिकों ने नवीन विधि में नमक का पहले क्रिस्टलक में 25–27° बॉमे के मध्य (विशिष्ट गुरुत्व 1.208 – 1.228) क्रिस्टलीकृत किया तथा ब्राइन को 27° बॉमे पर विसर्जित किया। तत्पश्चात् इसे दूसरे क्रिस्टलक में भेजा जहाँ 27 से 29° बॉमे (विशिष्ट गुरुत्व 1.228–1.250) के मध्य नमक को क्रिस्टलीकृत किया। इस विधि से प्राप्त नमक में कैल्सियम, मैग्नीशियम तथा सल्फेट की अशुद्धियाँ अत्यल्प पाई गई। आगामी विकसित प्रक्रम में समआयन प्रभाव के प्रेरण से मैग्नीशियम अथवा सोडियम सल्फेट को संतृप्त ब्राइन में डालने पर कैल्सियम की नमक में न्यूनता प्रेक्षित की गई।

उपर्युक्त विधि से प्राप्त नमक में यद्यपि कैल्सियम की अशुद्धि कम थी परंतु मैग्नीशियम एवं सल्फेट की अशुद्धियाँ विद्यमान थी। अतः वैज्ञानिकों ने कुछ समुद्री सायनोजीवाणुओं का उपयोग किया

जो नमक के रवों में से कैल्सियम की अशुद्धि को हटा सके। इस कार्य में सीएसएमसीआरआई के वैज्ञानिकों को सफलता प्राप्त हुई तथा उन्होंने इस विधि का यू०एस० पेटेन्ट भी प्राप्त किया। भावनगर स्थित सीएसएमसीआरआई के वैज्ञानिकों ने अपने अन्वेषण द्वारा ज्ञात किया कि ब्राइन में सल्फेट की उपस्थिति के कारण नमक की गुणवत्ता में कमी आती है। अतः इस संस्थान के वैज्ञानिकों ने ''ब्राइन डिसल्फेटेशन पद्धति विकसित की है जिसे औद्योगिक श्रेणी का न केवल नमक ही प्राप्त हुआ है वरन् बिटर्न से बहुमूल्य अन्य समुद्री रसायन भी प्राप्त किए जा सकते हैं। (चित्र – 56, 57 व 58)

चित्र – 56. बिटर्न

चित्र – 57. ब्राइन के डिसल्फेटेशन से प्राप्त उच्च गुणवत्ता का नमक

चित्र – **58.** हस्तचालित विधि से नमक की प्राप्ति

इस प्रक्रिया में कम बॉमे वाले ब्राइन में से सल्फेट का घटक हटाया जाता है तत्पश्चात् ब्राइन को सूर्य के प्रकाश की सहायता से वाष्पीकृत करके 25° बॉमे तक लाकर ब्राइन को नमक उत्पादन के लिये क्यारी में रखा जाता है। क्यारी में जो नमक स्फटिक रूप में अलग होता है वह एकदम शुद्ध और सफेद होता है। इस पद्धति से न केवल नमक की शुद्धता बढ़ती है वरन् उसके उत्पादन की मात्रा भी बढ़ती है। सीएसएमसीआरआई, भावनगर की तकनीकी को देश के शीर्षस्थ नमक उत्पादक संस्थानों, यथा – मेसर्स टाटा केमिकल्स, मीठापुर, हिन्दुस्तान साल्ट्स लिमिटेड, रन ऑफ कच्छ आदि ने अपनाया है। डि–सल्फेटेशन विधि द्वारा प्राप्त नमक के विश्लेषण परिणाम, जो प्रमुख औद्योगिक संस्थानों ने प्राप्त किए हैं, सारणी–13 में दर्शाया गया है।

अतिशुद्ध नमक प्राप्त करने की दूसरी पद्धति, नमक के क्रिस्टल आकारिकी (Crystal Morphology) में रूपांतरण पर आधारित है। यह पद्धति उन नमक उत्पादकों के लिए अधिक लाभदायक है जहाँ कैल्सियम क्लोराइड का स्रोत आसानी से उपलब्ध नहीं हैं। इस विधि से बनाया गया नमक विश्व में आज तक बने हुए सभी नमक की तुलना में सर्वश्रेष्ठ हैं जिसका विवरण सारणी–14 में दिया गया हैं।

सारणी–13. मेसर्स टाटा केमिकल्स द्वारा डिसल्फेटेशन प्रक्रम से प्राप्त नमक के विश्लेषण परिणाम

प्राचल	% भार / भार
कैल्सियम	0.024
मैग्नीशियम	0.029
Cl जैसे NaCl	99.36
सल्फेट	0.125
नमी	0.039
क्षारीयता जैसे Na_2CO_3	0.079
आयरन जैसे Fe_2O_3 (क्षारीयता)	11.44

(अ)

(ब)

चित्र – 59 अ व ब – पारंपरिक तथा नवीनतम प्रक्रम से प्राप्त नमक के प्रकाशीय सूक्ष्म लेख

सारणी–14. विश्व के नमक उत्पादन करने वाले कुछ देशों द्वारा उत्पादित नमक की गुणवत्ता

भार प्रतिशत	अमेरिका	मैक्सिको	आस्ट्रेलिया	स्पेन	इटली	नीदरलैंड	भारत (भावनगर)
Ca	0.05	0.06	0.04	0.05	0.02	0.06	0.06
Mg	0.03	0.03	0.04	0.11	0.04	0.05	0.03
SO_4	0.16	0.17	0.14	0.23	0.10	0.2	0.17
NaCl	99.6	99.7	99.6	993	99.7	99	99.6

इस विधि में नमक के क्रिस्टल की आकारिकी में परिवर्तन नियंत्रित नाभिकन (Nucleation) द्वारा किया जाता है। चित्र – 59 (अ) तथा 59 (ब) में पारंपरिक तथा संस्थान की नवीनतम विधि से प्राप्त नमक के प्रकाशीय सूक्ष्मलेखों (Optical micrographs) को दर्शाया गया है।

सारणी – 15. सीएसएमसीआरआई द्वारा विभिन्न उन्नत प्रक्रमों द्वारा उत्पादित नमक का विश्लेषण

विनिर्देश	समुद्री ब्राइन से उत्पादित नमक % भार	अवमृदा ब्राइन से उत्पादित नमक % भार	झील ब्राइन से उत्पादित नमक % भार
Ca	0.04	0.07 – 0.09	0.07 – 0.09
Mg	0.03 – 0.07	0.05 – 0.07	0.05 – 0.07
SO_4	0.10 – 0.20	0.22 – 0.25	0.22 – 0.25
NaCl (शुष्क)	> 99.5	> 99.3	> 99.3
श्वेतता सूचकांक	86 (77)	87 (78)	85 (72)
	सूक्ष्ममात्री धातु विश्लेषण (पीपीएम)		
Al	<0.3600	<0.0280	<0.0280
Cd	<0.0027	<0.0130	<0.0140
CO	<0.0070	<0.0070	<0.0070
Cr	<0.0071	<0.0071	<0.0071
Fe	0.3140	0.1520	0.5100
Pb	<0.0420	<0.0420	<0.0420
Ni	<0.0150	<0.0150	0.0540
Zn	<0.0059	<0.0059	<0.0059

यह पद्धति सरल, किफायती तथा किसी भी सौर नमक प्रतिष्ठान पर उपादेय हो सकती है। सीएसएमसीआरआई में विभिन्न ब्राइन से उन्नत प्रक्रमों द्वारा उत्पादित नमक के रासायनिक विश्लेषण विषयक जानकारी सारणी – 15 में वर्णित की गई है। नमक उत्पादन की इस नवीन तकनीक का गुजरात के मालिया साल्ट वर्क्स (चित्र–60) में सफलता से उपयोग किया गया तथा औद्योगिकी स्तर का बहुत अच्छी गुणवत्ता का नमक उत्पादन प्राप्त किया गया। इसी क्रम में सीएसएमसीआरआई के वैज्ञानिकों ने राजस्थान के नावां शहर में अवमृदा ब्राइन से नमक उत्पादन का दस एकड़ का मॉडल साल्ट फार्म तैयार किया (चित्र–61)। नावां के मॉडल साल्ट फार्म की सफलता व उत्पादन को दृष्टिगत रखते हुए भारत सरकार के नमक विभाग ने उड़ीसा में भी मॉडल साल्ट फार्म की स्थापना की।

चित्र – 60 मालिया साल्ट फार्म पर कार्यरत श्रमिक

इस संस्थान ने छोटे–छोटे नमक उत्पादकों (अगारियों) तक भी अपनी प्रौद्योगिकी का प्रचार–प्रसार कर उन्हें लाभान्वित किया है।

संस्थान की अन्य तकनीक का नमक अन्वेषण फार्म में उपयोग किया गया और प्रथम प्रयास में ही 99.6 प्रतिशत शुद्ध नमक का उत्पादन प्राप्त किया गया। नमक उत्पादन से संबंधित प्रक्रमों यथा – हस्तचालित ढेरी लगाना, यांत्रिक तरीकों से ढेरी लगाना, नमक प्रक्षालित्र, ब्राइन प्रबंधन आदि को क्रमशः चित्र 62, 63, 64 में दर्शाया गया है।

चित्र – 61. राजस्थान का नावां मॉडल साल्ट फार्म

चित्र – 62. हस्तचालित तरीके से नमक की ढेरी लगाना

चित्र – 63. यांत्रिक विधि से ढेरी लगाना

चित्र – 64. नमक प्रक्षालित्र

सारणी – 16 में सीएसएमसीआरआई द्वारा विभिन्न उन्नत विधियों द्वारा उत्पादित नमक के तुलनात्मक आंकड़े वर्णित किए गए हैं

सारणी – 16. विभिन्न उन्नत प्रक्रमों द्वारा उत्पादित नमक के तुलनात्मक आंकड़े

प्रयुक्त विधि	Ca^{+2}	Mg^{+2}	SO_4^{-2}	NaCl % शुष्क
ब्राइन प्रबंधन / सल्फेट सांद्रण समायोजन से पारंपरिक नमक उत्पादन	0.17	0.24	0.51	98.5
डिसल्फीटेशन प्रक्रम द्वारा नमक उत्पादन	0.07	0.06	0.15	99.1
क्रिस्टल आकारिकी रूपांतरण से नमक उत्पादन	0.05	0.09	0.18	99.5
क्रिस्टल आकारिकी रूपांतरण तथा मैग्नीशियम ऑक्सी यौगिकों के नियंत्रण विधि द्वारा नमक उत्पादन	0.06	0.03	0.17	99.6

राष्ट्रपिता महात्मा गांधी की नमक हेतु दाण्डी यात्रा

सी.एस.आई.आर. का केन्द्रीय नमक एवं समुद्री रसायन अनुसंधान संस्थान, भावनगर

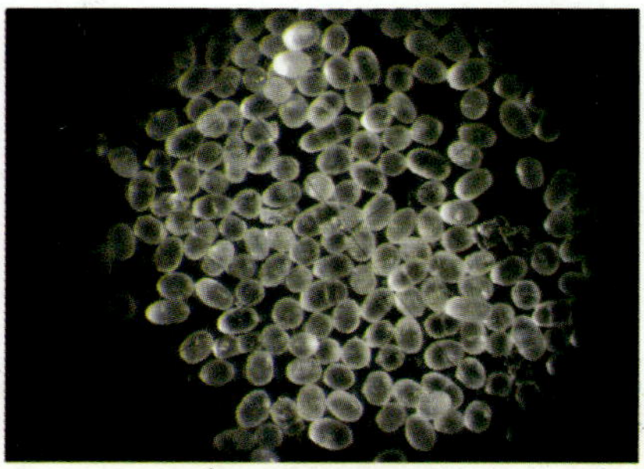

गोलाकार नमक

सलोनी नमक

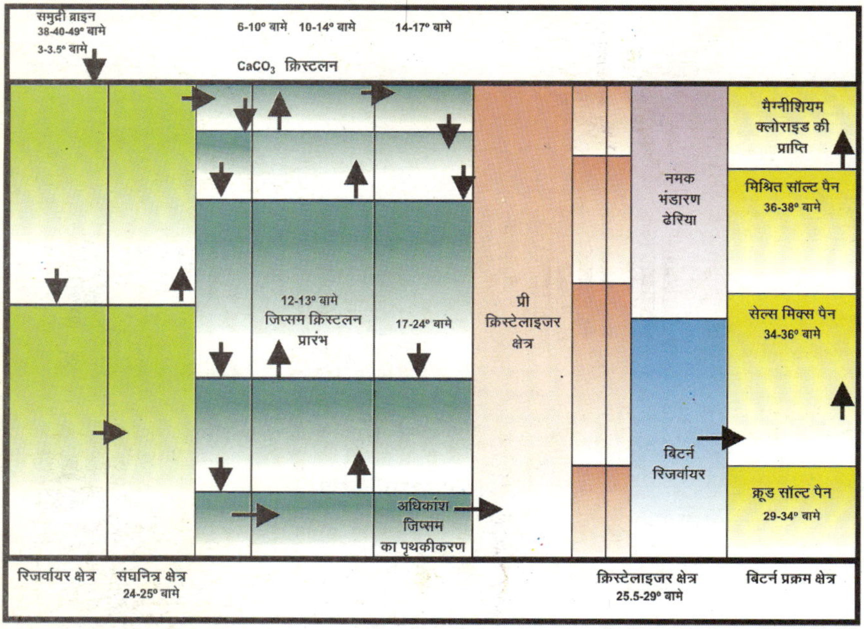

नमक उत्पादन प्रक्रम

लो सोडियम सॉल्ट बनाने की विधि

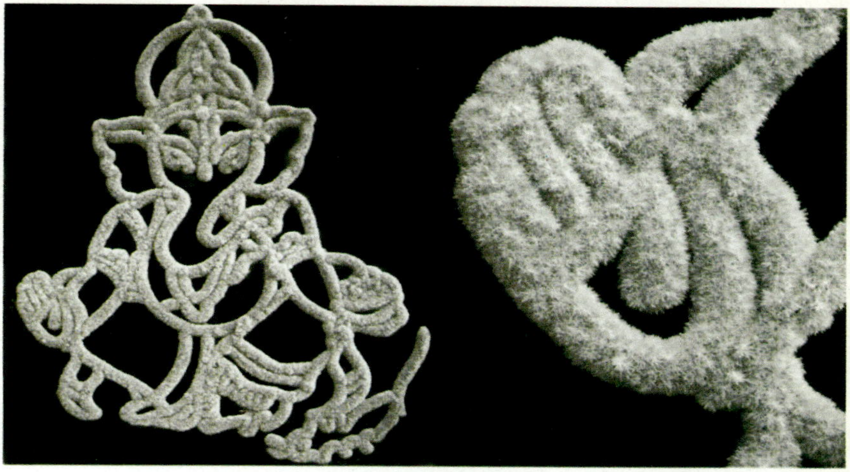

जिप्सम के उत्पाद

मालिया सॉल्ट फार्म

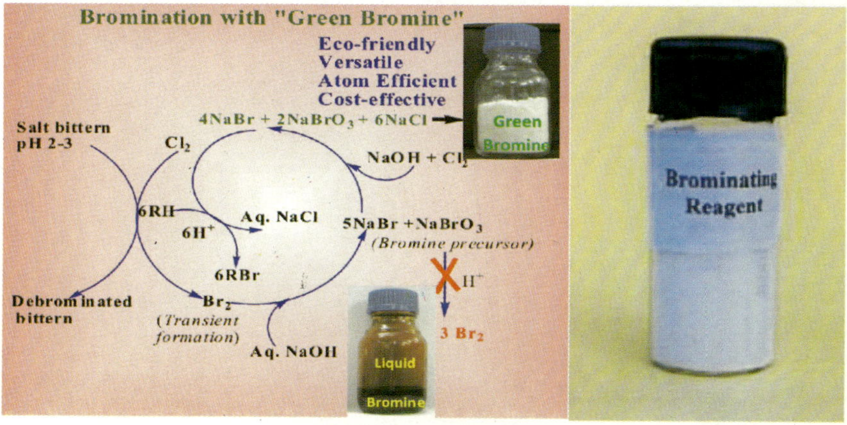

बिटर्न से ग्रीन ब्रोमीन

मॉडल सॉल्ट फार्म, नावां

नमक की यांत्रिक हारवेस्टिंग

ब्राइन घनत्व ज्ञात करने की नवीन युक्ति

बिटर्न

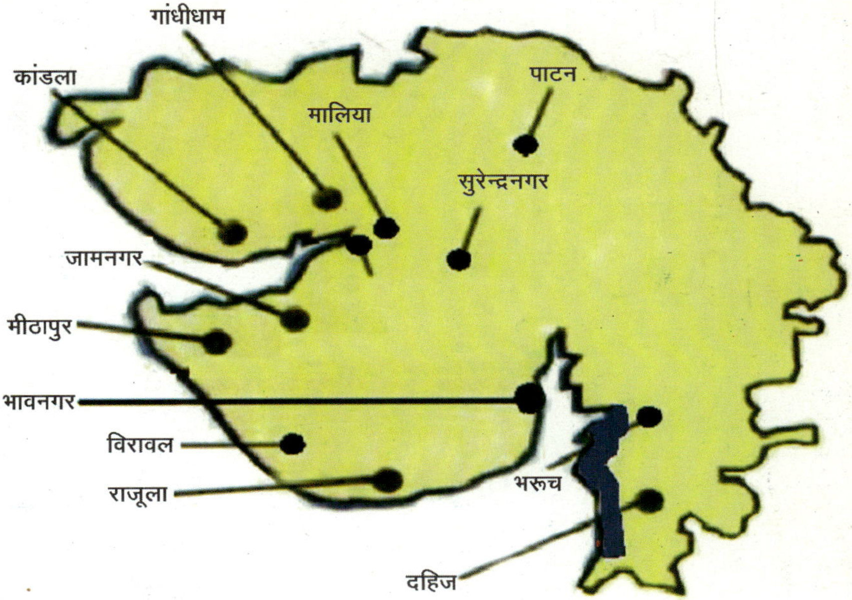

गुजरात का लवण मानचित्र

लो सोडियम प्राप्त करने का प्रक्रम

डि सल्फेटेशन प्रक्रिया द्वारा उच्च गुणवत्ता का नमक

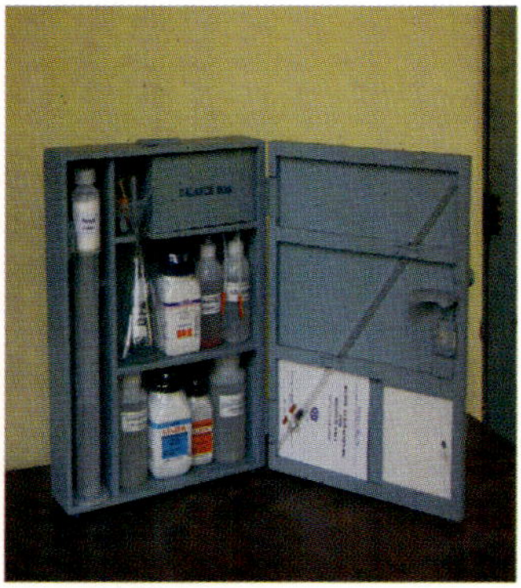

आयोडीन ज्ञात करने का
आधुनिक विकसित किट

उच्च शुद्धता का मैग्नेशिया

← एमओपी, एसओपी तथा मेग्नीशिया प्राप्त करने का प्रक्रम

यांत्रिक नमक प्रक्षालित्र

यह देखा गया है कि साधारण नमक, जो समुद्री जल अथवा अवमृदा ब्राइन के सौर वाष्पीकरण द्वारा उत्पादित किया जाता है, का औद्योगिक क्षेत्र में उपयोग किया जाता है। इसमें कैल्सियम, मैग्नीशियम तथा सल्फेट की अत्यल्प अशुद्धियाँ होती है। इन अशुद्धियों को नमक के यांत्रिक प्रक्षालन (Mechanical Washing) से दूर किया जाता है। विश्व के अनेक प्रकार के प्रक्षालित्रों का इस कार्य में प्रयोग किया गया है। परंतु हाइड्रोसाइक्लोन तथा स्क्रू टाइप (Hydrocyclone and Screw type) प्रक्षालित्र साधारणतया उपयोग में लिए जाते हैं। यह प्रेक्षित किया गया है कि समुद्री नमक में लगभग 70 प्रतिशत कैल्सियम सतही रूप में तथा अवमृदा ब्राइन में 70 प्रतिशत से अधिक कैल्सियम की अशुद्धियाँ नमक के क्रिस्टलों में विद्यमान रहती है। इसी प्रकार मैग्नीशियम की अशुद्धियाँ भी क्रमशः 80–85 प्रतिशत सतही रूप में एवं 15 से 20 प्रतिशत क्रिस्टलों में उपस्थित रहती हैं। सीएसएमसीआरआई ने नमक के यांत्रिक प्रक्षालन हेतु एक अद्वितीय स्क्रू प्रक्षालित्र को विकसित किया है जिसमें इन सभी अशुद्धियों को प्रभावी ढंग से दूर किया जाता है। इस संस्थान ने मॉरीशस में उच्च गुणवत्ता का नमक प्राप्त करने हेतु एक टीपीएच संयत्र स्थापित किया है। देश के अन्य भागों, यथा – उड़ीसा, गुजरात तथा राजस्थान में भी नमक उत्पादन के कई संयंत्र स्थापित किए जा चुके हैं।

जैसा कि वर्णित किया जा चुका है सीएसएमसीआरआई ने समुद्र अथवा अवमृदा ब्राइन से उच्च शुद्धता के सौर नमक उत्पादन की उन्नत प्रौद्योगिकियाँ विकसित की हैं, इस दिशा में कोई भी नमक उत्पादन/प्रतिष्ठान तकनीकी आदान प्राप्त करने हेतु निम्न पते पर आवेदन कर अपने कार्यस्थल पर इस दिशा में प्रशिक्षण प्राप्त कर सकता है।

निदेशक,
केन्द्रीय नमक एवं समुद्री रसायन अनुसंधान संस्थान,
भावनगर – 364021 (गुजरात)

नमक उत्पादन के बाद बचे हुए द्रव बिटर्न से कम सोडियम वाला नमक, म्यूरेट ऑफ पोटाश (MOP), सल्फेट ऑफ पोटाश

(SOP) और अतिशुद्ध मैग्नेशिया (MgO) उत्पादित किया जा सकता है। नमक उत्पादन के अलावा बिटर्न को डि–सल्फेटीकरण करके सल्फेट घटक निकालने पर पोटैशियम और मैग्नीशियम मिश्रण मिलता है, जिसको कार्नेलाइट (Carnalite) के नाम से जाना जाता (KCl. $MgCl_2$. 6 H_2O) है। कार्नेलाइट में थोड़ी मात्रा में पानी मिलाकर उसका विभाजन किया जाता है, जिसके फलस्वरूप कम सोडियमवाला नमक प्राप्त होता है। वस्तुतः यह नमक कृत्रिम पद्धति से बनाये गए कम सोडियमवाले नमक से बहुत अच्छा है। सीएसएमसीआरआई, भावनगर ने बिटर्न में से सीधा कम सोडियमवाला नमक बनाने की तकनीक विकसित की है जिसमें सोडियम क्लोराइड की मात्रा 55–75 प्रतिशत और पोटैशियम क्लोराइड की मात्रा 20–45 प्रतिशत रहती है। कम सोडियम नमक बाजार में उपलब्ध "सलोनी सॉल्ट", जो पोटैशियम क्लोराइड और सोडियम क्लोराइड के कृत्रिम मिश्रण से बनाया गया है, इससे बहुत अच्छा है।

सोडियम क्लोराइड तथा पोटैशियम क्लोराइड के मिश्रण से हॉट लीचिंग पद्धति का उपयोग करके सीएसएमसीआरआई ने 98 प्रतिशत से भी अधिक शुद्ध म्यूरेट ऑफ पोटाश बनाया है। भावनगर स्थित इस संस्थान ने समुद्री पानी से बिटर्न आधारित सल्फेट ऑफ पोटाश निकालने की एक सरल तकनीक विकसित की है, जो कि अत्याधुनिक है। इस नई तकनीक पर इस संस्थान को पेटेंट भी प्राप्त हुआ है।

बहुत दूरी से ब्राइन घनत्व ज्ञात करने की युक्ति

सीएसएमसीआरआई के वैज्ञानिकों ने बहुत दूरस्थ स्थानों से ब्राइन के घनत्व को ज्ञात करने हेतु एक नवीन युक्ति विकसित की है तथा इसका सफल परीक्षण भी किया है। यह युक्ति बड़े सौर साल्ट वर्क्स के लिए, जहाँ ब्राइन के घनत्व को ज्ञात करने हेतु पारंपरिक बॉमे हाइड्रोमीटर द्वारा बहुत दूर जाना पड़ता था, बहुत ही उपादेय सिद्ध हो चुकी है।

नमक के गुण

सोडियम क्लोराइड का अणु जिसे साधारण नमक कहते है, में क्लोराइड की मात्रा 35.5 (भार) तथा सोडियम की मात्रा 23 (भार) होती है। इस प्रकार सोडियम क्लोराइड का अणुभार 38.5 है। साधारण नमक पानी में घुलनशील है। अनुमान के तौर पर 100 भाग जल में 37 भाग नमक का विलय होता है। साधारण नमक के क्रिस्टलों का विशिष्ट गुरुत्व 2.165 होता है। ऐसा आकलन किया गया है कि एक गैलन पानी में 68 ग्राम घुलित नमक की मात्रा का स्वाद स्वीकार्य होता है। शुद्ध नमक आर्द्रताग्राही नहीं होता है। यह मैग्नीशियम क्लोराइड की अशुद्धि के कारण नमी को सोखता है। शुद्ध नमक का गलंनाक बहुत अधिक (801° सें॰) होता है। इसके पश्चात् नमक वाष्पीकृत होने लगता है। साधारण नमक सामान्यतया कठोर होता है। मोह (Moh's) की कठोरता मापन सारणी के अनुसार नमक की कठोरता 2.5 हैं। साधारण नमक क्रिस्टलीय पदार्थ होता है तथा इसके क्रिस्टल घनाकार और कभी–कभी अष्टफलकीय होते हैं। सोडियम क्लोराइड एक आयनिक यौगिक है तथा यह विद्युत् अपघटित होने पर सोडियम (Na^+) एवं क्लोराइड (Cl^-) आयन में विभक्त हो जता है।

वनस्पति नमक – सलोनी

सामान्यतया पौधे लवण सहनशील नहीं होते हैं। परंतु प्रकृति में कुछ ऐसे भी पौधे होते हैं जो कि अत्यधिक लवणता में भी वृद्धि करते हैं। उन्हीं में से एक अत्यधिक महत्वपूर्ण पादप हैं – सेलीकोर्निया ब्रेकीयेटा। इसका अग्रप्ररोह भाग स्वाद में लवणीय या नमकीन होता है और पश्चिमी देशों में जिसका प्रयोग सलाद के रूप में होता है। इसके बीज से 25–35 प्रतिशत तेल प्राप्त होता है, जिसमें लिनोइक अम्ल की अत्यधिक मात्रा होती है। वस्तुतः यह कुसुम तेल के समतुल्य है और सीएसएमसीआरआई ने इस फसल के उत्पादन के लिए कृषि तकनीक विकसित की है।

पोटैशियम से भरपूर यह नमक दो परमाणुओं का समायोजन है क्लोरीन (Cl) और सोडियम (Na)। जब लवण पानी में घुलता है तो सोडियम तथा क्लोरीन जल के कणों द्वारा एक दूसरे से पृथक हो

जाते हैं। वस्तुतः सभी लवण सोडियम तथा क्लोरीन के आयनों को निकालने में सक्षम है जिससे मिट्टी में लवणता बढ़ जाती है। पौधों की मूलों में लवणता जमाव की क्रिया प्राथमिक अथवा प्रमुख रूप से सोडियम के स्थान पर पोटैशियम का चयन करने में सहायक होती है। पोटैशियम से भरपूर यह नमक कई मामलों में साधारण नमक की तुलना में कई गुणवाला हैं; जैसे – 'इसमें कई सूक्ष्म पोषक तत्त्व पाये जाते हैं जो समुद्री नमक में नहीं पाये जाते हैं।

- पोटैशियम की अधिक मात्रा स्वास्थ्य के लिए लाभदायक होती है।
- यह नमक प्राकृतिक रूप से अधिक प्रवाही है और इसको प्रवाही बनाने में किसी भी अतिरिक्त यौगिक की आवश्यकता नहीं होती है।
- पौधों में से नमक निकालने की प्रौद्योगिकी अधिक कठिन नहीं है।

सलोनी एवं सलोनी–के नमक के रासायनिक संघटन को सारणी – 17 में दर्शाया गया है।

सारणी– 17. सलोनी एवं सलोनी–के नमक का रासायनिक संघटन

क्र०सं०	रासायनिक अवयव	सलोनी	सलोनी –के
1	सोडियम क्लोराइड %	87.5	66.71
2	पोटैशियम क्लोराइड %	9.49	29.99
3	कैल्सियम %	0.46	0.25
4	मैग्नीशियम %	0.08	0.026
5	कॉपर (पी०पी०एम०)	1.083	0.837
6	आयरन (पी०पी०एम०)	4.247	4.003
7	आयोडीन (पी०पी०एम०)	2.83	3.12

भावनगर स्थित केन्द्रीय नमक एवं समुद्री रसायन अनुसंधान संस्थान के वैज्ञानिक ने सेलिकोर्निया नमक (चित्र 64–अ) के दो संमिश्रण बनाये हैं। एक है बेहद महीन, कणयुक्त तथा प्रवाही नमक

तथा दूसरा पीला पाउडर जिसमें स्वतंत्र ऐमीनो अम्ल बीटा कैरोटिन, लिपिड्स तथा वर्णक (Pigment) की बहुत मात्रा विद्यमान है।

सीएसएमसीआरआई के पास 10–12 मैट्रिक टन सूखा जैव द्रव्य की क्षमता है, जिससे 3–4 टन नमक प्राप्त किया जा सकता है। नमक को बनाने की विधि कार्बनिक है तथा इससे बिना किसी रसायन के प्रयोग से बनाया जाता है। इस संस्थान ने सेलिकोर्निया से नमक निकालने की प्रक्रिया पर यू०एस० पेटेंट भी प्राप्त कर लिया है।

चित्र 64अ. सेलिकोर्निया नमक

चित्र 64ब. सलोनी नमक

चिकित्सकीय दृष्टिकोण : संपूर्ण विश्व में उच्च रक्तदाब वाले व्यक्तियों को कम मात्रा में नमक लेने की सिफारिश की जाती है। कम नमक लेने के अतिरिक्त खाद्य में पोटाश की अधिक मात्रा लेनी चाहिए जिससे रक्त दाब को नियंत्रित करने में सहायता मिलती है।

– हमें भोजन में सोडियम से अधिक पोटैशियम की मात्रा लेनी चाहिए जिसका अनुपात 2 : 1 होना आदर्श माना जाता है।

- पोटैशियम तत्व रक्तदाब के लिए अच्छा है। यह सोडियम के साथ–साथ रक्त में जल, अम्ल तथा क्षार की मात्रा को नियंत्रित करता है और ऊर्जा उत्पन्न करने में सहायक है।
- पोटैशियम शरीर की प्राकृतिक वृद्धि और आंत्र को बनाने में महत्वपूर्ण योगदान देता है। यह अत्यधिक तनाव को रोकने में भी सहायक है। पोटैशियम हृदय तंत्र की कार्यप्रणाली को बंद करने से रोकता है तथा थकान नहीं होने देता है। इसके सेवन से डिप्रेशन तथा मनःस्थिति को संतुलित करने में सहायता मिलती है।

कम सोडियम वाला नमक (Low Sodium Salt)

हृदय रोगियों तथा उच्च रक्तदाब वाले लोगों को चिकित्सक नमक कम खाने की सलाह देते हैं। ऐसे रोगियों के लिए केंद्रीय नमक एवं समुद्री रसायन अनुसंधान सस्थान, भावनगर के वैज्ञानिकों ने कम सोडियमवाले नमक का आविष्कार किया है, जो दो लवण का समांग मिश्रण है, यथा – सोडियम और पोटैशियम क्लोराइड। इस संस्थान के वैज्ञानिकों ने समुद्री बिटर्न और अतःस्थलीय बिटर्न में से पोटैशियम उर्वरक प्राप्ति के लिए आर्थिक क्षमतावाली कुछ प्रौद्योगिकियों का विकास किया है।

समुद्री बिटर्न का वाष्पीकरण करने से कार्नेलाइट नामक मिश्र क्षार मिलता है, जो पोटैशियम क्लोराइड और मैग्नीशियम क्लोराइड का मिश्रण होता है। उसके साथ अल्प मात्रा में नमक भी होता है। कार्नेलाइट में भी सोडियम क्लोराइड 18.22 प्रतिशत, पोटैशियम क्लोराइड 18–20 प्रतिशत, मैग्नीशियम क्लोराइड 28–30 प्रतिशत और मैग्नीशियम सल्फेट 4–6 प्रतिशत होता है। प्रति सौ टन लवण का उत्पादन करने के बाद जो बिटर्न मिलता है उसमें से 6 टन मिश्र क्षार की प्राप्ति होती है।

इस मिश्र क्षार की पानी के साथ प्रतिक्रिया द्वारा विघटन के फलस्वरूप "लो सोडियम सॉल्ट या कम सोडियम वाला नमक" – CDP के रूप में मिलता है। उसके साथ मैग्नीशियम क्षार से युक्त प्रचुर मातृद्रव मिलता है, जिसको CDL कहते है। इस CDL में से

उच्च गुणवत्ता वाला शुद्ध मैग्नीशिया बनाया जाता हैं CDP जो, कम सोडियमवाला नमक है, उसमें सूक्ष्म पोषक तत्त्व के रूप में कैल्सियम और मैग्नीशियम भी पाया जाता हैं

कार्नेलाइट + नमक का मिश्र क्षार + पानी ---->
लो सोडियम साल्ट (CDP) + मैग्नीशियम क्लोराइड (CDL)

कम सोडियमवाले नमक का संघटन इस प्रकार हैं

$NaCl$ – 50.80 प्रतिशत

KCl – 45.20 प्रतिशत

Ca – <1 प्रतिशत

Mg – <1 प्रतिशत

सीएसएमसीआरआई ने इस विषयक पेटेन्ट भी प्राप्त किया हैं

बिटर्न से कम सोडियम वाले नमक को प्राप्त करने का योजनाबद्ध चित्र निम्नांकित हैं तथा इसे चित्र – 65, 66, 67 में दर्शाया गया हैं

चित्र – 65. बिटर्न से लो सोडियम सॉल्ट की प्राप्ति

चित्र – 66. लो सोडियम सॉल्ट

चित्र – 67. कार्नेलाइट क्रिस्टलन पैन

गोलाकार नमक

यह देखा गया है कि साधारण नमक में कुछ क्रिस्टलों को उनके आकार के कारण पसंद नहीं किया जाता है। ऐसा उनकी केकिंग प्रवृत्ति तथा पैकिंग में कठिनाई के कारण होता है। सामान्यतया नमक के क्रिस्टल घनाकार संरचना के होते हैं। इनके गोलाकार संरचना हेतु काफी समय से विचार चल रहा था। सीएसएमसीआरआई के वैज्ञानिकों ने नमक की घन आकारिकी को बिना योज्य के गोलाकार रूप में रूपांतरित करने का महत्वपूर्ण कार्य किया है (चित्र–68)।

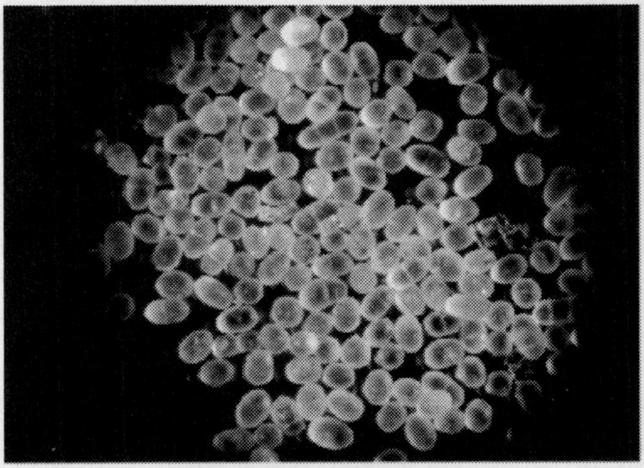

चित्र 68. गोलाकार नमक

सायनोबैक्टीरिया एवं उनकी उपयोगिता

नील हरित शैवाल सायनोबैक्टीरिया (Blue green algae-cyanobacteria) एक जीवाणु फायलम होता है, जो प्रकाश संश्लेषण से ऊर्जा उत्पादन करते हैं। जीवाणु के नीले रंग के कारण इसका नाम सायनो (यूनानी – Kianos = blue) अर्थात् नीला से पड़ा है। सायनोबैक्टीरिया सर्वत्र पाये जाने वाले जलीय जीवाणु है, जो कि अपना भोजन प्रकाश संश्लेषण की क्रिया से बना सकते हैं। ये प्रायः आकार में छोटे और एक कोशकीय तंतुमयी होते हैं। और समूह में वृद्धि करके कॉलोनी का रूप धारण करने वाले होते हैं।

इनकी उत्पत्ति पृथ्वी पर 3.5 बिलियन वर्ष पूर्व हुई, जिनका प्रमाण पाए गए जीवाश्म से मिलता है। ये कार्बन डाइ ऑक्साइड, पानी और सूर्य के प्रकाश की सहायता से प्रकाश संश्लेषण की क्रिया द्वारा अपना भोजन बना लेते हैं और ऑक्सीजन का उत्सर्जन करते हैं। पृथ्वी पर पाए जाने वाली अधिकांश ऑक्सीजन की इन्हीं के द्वारा आपूर्ति की गई है। पेट्रोलियम तेलों के निर्माण में, धान और दलहनी फसलों वाली मृदा में नाइट्रोजन स्थिरीकरण और उपयोगी पदार्थों के उत्पादन में भी इनका महत्वपूर्ण अवदान है।

इनका जैव विकास और पर्यावरण के क्षेत्र में भी विशेष योगदान रहा है। इनके द्वारा उत्सर्जित ऑक्सीजन से ही जैव विकास संभव हो पाया है। पादप जगत की उत्पत्ति में भी इनका अनुकरणीय योगदान है। क्लोरोप्लास्ट, जिसके माध्यम से पौधे भोजन बनाते हैं, ये एक प्रकार के प्रकाश संश्लेषित जीवाणु ही हैं जो कि पादप कोशिकाओं में स्थित हैं। ये शैवालों से कोशिकीय संरचना के आधार पर थोड़ी असमानता रखते हैं तथा इनकी कोशिकाओं में केन्द्रक नहीं पाया जाता है। इनको नीली–हरी शैवालों के नाम से भी जानते हैं और ये जलीय स्थानों में, नदियों में, नमी वाले स्थानों में, चट्टानों में, गरम जल धारा वाले पोखरों में, तथा नमी वाली दीवारों पर पाए जाते हैं। ये सायनोफायसीन नामक पदार्थ को खाद्य पदार्थ के रूप में संग्रहित करते हैं।

सीएमएससीआरआई के वैज्ञानिकों ने जलों में, अत्यधिक नमक की सांद्रता वाले जलीय स्थानों में पाए जाने वाले एवं समुद्री स्थानों में पाए जानेवाले सायनो बैक्टीरिया का संकलन करके उनकी उपयोगिता पर बहुत अनुसंधान कार्य किया है जिसका कुछ विवरण निम्नवत् है।

सायनोबैक्टीरिया का उपयोग नमक में पाए जानेवाले कैल्सियम आयनों की अशुद्धियों को दूर करने में किया जाता है। ये ब्राइन में पाए जानेवाले कैल्सियम आयन और वातावरण में पाए जाने वाली कार्बन डाइ ऑक्साइड को लेकर विभिन्न प्रकार के क्रिस्टल का निर्माण कर लेते है, जिनसे कि कैल्सियम आयन की अशुद्धि दूर हो जाती है। इस विषयक संस्थान ने प्रथम अमेरिकन पेटेंट भी प्राप्त किया है।

जैसा कि विदित ही है बीटा कैरोटिन, एक नारंगी रंग का प्रकाश संश्लेषण में सहायक रंजक है जो मुख्यतः गाजर और डूनैलिएला में पाया जाता है। संस्थान के वैज्ञानिकों ने नमक उत्पादक केन्द्र में पाए जाने वाले शैवाल डूनैलिएला से बीटा कैरोटीन को भी निकालकर उस पर अनुसंधान कार्य किया है। इसका उपयोग सौंदर्य प्रसाधनों और भोजन के रूप में किया जात है।

एमायलेज एक विशेष प्रकार का एन्जाइम है जो कि स्टार्च को शर्करा में रूपांतरित कर देता है। सीएमएससीआरआई के वैज्ञानिकों ने नमक उत्पादन केन्द्र से जीवाणु एकत्रित करके उनसे एमायलेज एन्जाइम का उत्पादन करने वाले बैक्टीरिया को चुना, जो कि अधिक तापमान पर भी सक्रिय है। इस गुण के कारण ही ये एन्जाइम उद्योगों में भी उपयोगी है। सायनोबैक्टीरिया संबंधी जानकारी चित्र–69 में वर्णित की गई है।

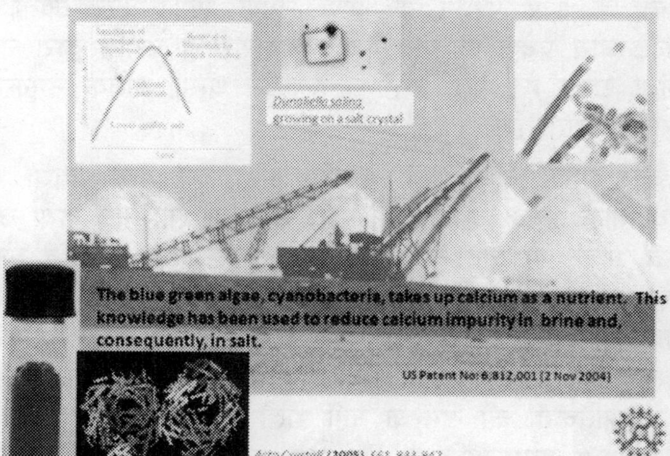

चित्र–69. सायनोबैक्टीरिया

मानव शरीर में नमक का महत्व

मानव को स्वस्थ, सक्रिय और निरोगी रहने के लिए पर्याप्त मात्रा में संतुलित भोजन की आवश्यकता होती है। संतुलित भोजन में शर्करा, वसा, प्रोटीन, विभिन्न विटामिन, खनिज लवण, रेशे एंटी

ऑक्सीडेन्ट तत्व और जल पर्याप्त मात्रा और संतुलित अनुपात में उपस्थित होने चाहिए। शरीर को अनेक खनिज लवणों की भी आवश्यकता होती है, इसमें सोडियम क्लोराइड (नमक) शरीर के लिए अति महत्वपूर्ण यौगिक है।

वस्तुतः बिना नमक के भोजन स्वादहीन लगता है। शरीर को नमक की जरूरत निश्चित मात्रा में होती है। ध्यान देने की बात है कि प्राकृतिक रूप से हर खाद्य पदार्थों में कम या अधिक मात्रा में विभिन्न लवणों के रूप में सोडियम विद्यमान होता है, जो कि शरीर की सोडियम की आवश्यकता को बहुत हद तक पूरी करते रहते हैं। हमारे आहार में नमक की मात्रा कई बातों पर निर्भर करती हैं, जैसे – पर्यावरण, ऊष्मा, शारीरिक श्रम इत्यादि पर। रेगिस्तान के निवासियों तथा अधिक शारीरिक श्रम करने वालों को सामान्य व्यक्तियों की तुलना में अधिक नमक की आवश्यकता होती है। क्योंकि तेज धूप या अधिक श्रम करने से शरीर से अधिक पसीना निकलता है और पसीने के साथ नमक भी निकल जाता है। उष्णकटिबंधीय प्रदेश के निवासियों के शरीर से पसीने द्वारा नमक निकलता रहता है। अतः उन्हें सामान्य से थोड़ा अधिक नमक की आवश्यकता होती है।

कुछ खाद्य पदार्थों, यथा – मांस, अंडा, दूध, दुग्ध पदार्थों, कुछ सब्जियों तथा अनेक दवाइयों में प्रचुर मात्रा में सोडियम पाया जाता है। अतः भोजन में यदि नमक का सेवन नहीं किया जाता है तो भी सामान्य परिस्थितियों में शरीर में सोडियम की कमी का कोई आशंका नहीं रहती है। सोडियम और क्लोराइड का अभिन्न संबंध है और सामान्यतः सोडियम की पर्याप्त मात्रा होने पर क्लोराइड की कमी या अधिकता की समस्या नहीं हौती है। एक चम्मच नमक (5 ग्राम) में 2–3 ग्राम सोडियम और शेष क्लोरीन होती है। आधुनिक शोध तथा सर्वेक्षण के द्वारा ज्ञात हुआ है कि आदिम जातियाँ कम से कम नमक का प्रयोग करती है। यही कारण है उनमें उच्च रक्तदाब, हृदयरोग, मानसिक तनाव जैसी शिकायतें बहुत कम होती हैं। भारत में ही नहीं वरन् न्यू गिनी, मलेशिया, युगांडा तथा विश्व के अन्य क्षेत्रों में पाई जाने वाली जन जातियाँ के प्रवासी भी नमक का बहुत कम उपयोग करते हैं। इसके कारण वे नमक की अधिकता से होने वाले रोगों से ग्रसित नहीं होते हैं।

सोडियम, क्लोराइड तथा कैल्सियम, कोशिकाओं के बाह्य द्रव और पोटैशियम, मैग्नीशियम, फॉस्फेट कोशिकाओं के आंतरिक द्रव के प्रमुख तत्व होते हैं। रक्त में सोडियम का स्तर लगभग 140 मिली मोल प्रति लीटर होता है। रक्त और कोशिकाओं के बाह्य द्रव में इसके स्तर का सामान्य बने रहना अति आवश्यक है। रक्त में इसके स्तर को नियंत्रित करने के लिए शरीर में अनेक प्रक्रियाएँ विद्यमान होती हैं। कुछ हार्मोनों के सहयोग से रक्त में सोडियम के स्तर को गुर्दे नियंत्रित करते हैं। जब किसी कारण से रक्त में सोडियम स्तर बढ़ने लगता है तो गुर्दों द्वारा सोडियम की अतिरिक्त मात्रा को मूत्र के द्वारा निष्कासित कर दिया जाता है, जबकि कमी होने पर मूत्र में इसकी मात्रा कम हो जाती है, जिससे रक्त में सोडियम का स्तर सामान्य बना रहता है। स्वस्थ व्यक्ति के शरीर में भोजन द्वारा जितना सोडियम शरीर में पहुंचता है, लगभग उतना ही मूत्र के द्वारा शरीर से निष्कासित कर दिया जाता है। इस प्रकार रक्त और शरीर में सोडियम का संतुलन बना रहता है।

शरीर में रक्त का घनत्व स्थिर बनाए रखने में सोडियम की महत्वपूर्ण भूमिका होती है। सोडियम की मात्रा के अनुसार ही कोशिकाओं का आकार और शरीर में जल की मात्रा नियंत्रित होती है। यदि रक्त में सोडियम का स्तर बढ़ जाता है तो रक्त का घनत्व बढ़ जाता है, शरीर में जल जमा होने लगता है और सूजन आ जाती है। साथ ही कोशिकाओं का जल भी बाहर निकलने लगता है। इससे कोशिकाएं सिकुड़ जाती है और इनके कार्य में रुकावट आती है।

रक्त में सोडियम की मात्रा कम होने से शरीर में जल की कमी हो जाती है। रक्त का घनत्व कम होने से कोशिकाओं के अंदर जल के प्रवेश करने से ये फूल जाती हैं। तथा इससे शरीर पर अनेक गंभीर दुष्प्रभाव होते हैं।

1. रक्त में सोडियम की कमी (हाइपोनेट्रिमिया)

यह प्रेक्षित किया गया है कि जब रक्त में सोडियम का स्तर 135 मिलीमोल प्रतिलीटर से कम हो जाता है तो यह स्थिति 'हाइपोनेट्रिमिया' कहलाती है। इस स्थिति में कोशिकाओं के अंदर

अधिक मात्रा में जल पहुँच जाने के कारण इनके फूल जाने और शरीर में रक्त, कोशिकाओं के बाह्य द्रव में कमी के कारण समस्याएं होती हैं। इससे रक्तदाब कम हो जाता है। सबसे गंभीर समस्या मस्तिष्क की कोशिकाओं में सूजन आने के कारण होती है। ये रक्त में सोडियम की कमी और कमी होने की गति पर निर्भर करती है। यदि सोडियम का स्तर बहुत धीरे–धीरे कम होता है तो शरीर इसका अभ्यस्त हो सकता है और विशेष समस्याएं उत्पन्न नहीं होती है। तेजी से कमी होने पर सिरदद्र, थकावट, कमजोरी, विभ्रमता की स्थिति हो सकती है, जिससे झटके भी आ सकते हैं। सोडियम का स्तर 120 मिलीमोल प्रतिलीटर से कम होने पर बेहोशी आ सकती है।

वस्तुतः हाइपोनेट्रिमिया स्वयं रोग नहीं है, परंतु यह अवस्था अनेक कारणों से हो सकती है। नमी के मौसम में अत्यधिक पसीना आने, खेलने, व्यायाम करने से पसीना निकलने, उल्टी, दस्त होने, मूत्र ज्यादा होने की दवा का सेवन करने, शरीर में एड्रिनल ग्रंथि से स्रावित एल्डोस्ट्रॉन हॉर्मोन की कमी, ए०डी०एच० हॉर्मोन ज्यादा स्रावित होने (डायबिटीज इंसीपीडस), कार्टीसोन, थायरॉयड हार्मोन की कमी, हार्टफेलयर, नेफ्रोटिक सिंड्रोम, लीवर सिरहोसिस के रोगियों के शरीर में सोडियम की कमी की समस्या हो सकती है। इन रोगों में नमक का पर्याप्त मात्रा में सेवन न करने से गंभीर समस्याएं उत्पन्न हो सकती है।

समाधान : इस स्थिति में रक्त का घनत्व कम हो जाता है, मूत्र में सोडियम अधिक मात्रा में स्रावित हो सकता है। हाइपोनेट्रिमिया के रोगियों को नमक का अधिक मात्रा में सेवन करना चाहिए और जल का सीमित मात्रा में। गंभीर स्थिति में शिराओं द्वारा नमक का घोल देना पड़ सकता है। इसके साथ ही हाइपोनेट्रिमिया के मूल कारण का पता लगाकर उपचार आवश्यक है जिससे रोगी स्थाई रूप से स्वस्थ हो जाएँ।

2. रक्त में सोडियम की अधिकता (हाइपरनेट्रिमिया)

यह प्रेक्षित किया गया है कि शहरीकरण और आधुनिक फैशन ने मानव आहार योजना को भी निश्चित रूप से प्रभावित किया है। विशेषज्ञों का अनुमान है कि पहले की अपेक्षा आजकल लोग अधिक

नमक का उपयोग करने लगे है। आधुनिक अनुसंधानों में यह सिद्ध कर दिया है कि आवश्यकता से अधिक नमक स्वास्थ्य के लिए बहुत हानिकारक ही नहीं वरन् घातक भी है। वस्तुतः आवश्यकता से अधिक नमक 'मंद विष' (साइलेंट किलर) की तरह है जो धीरे–धीरे शरीर को रोगग्रस्त बना देता है। आवश्यकता से अधिक नमक का प्रयोग अनेक स्वास्थ्य संबंधी समस्याएँ उत्पन्न करता है। इनमें सबसे प्रमुख है – उच्च रक्तदाब (High Blood Pressure)। आज उच्च रक्तचाप या रक्तदाब की समस्या दिनों–दिन बढ़ती जा रही है। इसका एक प्रमुख कारण है आवश्यकता से अधिक नमक का सेवन। आधुनिक शोधों से यह जानकारी मिली है कि रक्तचाप और अधिक नमक के प्रयोग में सीधा संबंध है। विशेषज्ञों के अनुसार प्रतिदिन 25 ग्राम या इससे अधिक नमक का प्रयोग करने वाले देर–सवेर उच्च रक्तचाप के रोगी बनते ही हैं।

स्पष्ट है कि उच्च रक्तचाप से अनेक बीमारियों का संबंध है। मसलन दिल का दौरा (हार्ट अटैक), गुर्दे के रोग, अनिद्रा, चर्मरोग, मानसिक विकृतियाँ, अत्यधिक मानसिक तनाव (Hypertension) इत्यादि। एक प्रयोग में उच्च रक्तचाप वाले रोगियों को भी अधिक नमकयुक्त आहार दिया गया। परीक्षण से ज्ञात हुआ कि उनका रक्तचाप बढ़ गया। कम रक्तचाप वाले रोगियों को भी अधिक नमकीन भोजन देने से उनका रक्तचाप बढ़ा हुआ देखा गया। वस्तुतः आजकल अधिक नमक खाना एक शौक सा बन गया है। सब्जी–सलाद में अलग से नमक लेकर खाने की नई आदत विकसित हो रही है। सम्पन्न व्यक्तियों के घरों में आचार, पापड़, निमकी, चिप्स तथा डिब्बाबंद खाद्य पदार्थों का प्रचुर मात्रा में प्रयोग होता है। इन खाद्य सामग्रियों में आवश्यकता से अधिक नमक होता है, जो स्वास्थ्य के लिए सदैव हानिकारक है। डिब्बाबंद खाद्य पदार्थ जल्दी खराब न हों, इसलिए उनमें ज्यादा नमक डाल दिया जाता है। यह एक विडंबना है कि ऐसी वस्तुओं के निर्माता यह नहीं सोचते कि आवश्यकता से अधिक नमक जीवन के लिए कितना घातक है। शरीर की आवश्यकता से अधिक नमक को निकालने के लिए गुर्दे को अधिक श्रम करना पड़ता है और उपापचयी क्रियाओं पर प्रतिकूल असर पड़ता है। अधिक नमक का सेवन 'ब्राइट' रोग भी उत्पन्न करता है।

जब रक्त में सोडियम का स्तर 145 मिली मोल प्रति लीटर से अधिक हो जाता है, तो यह अवस्था 'हाइपरनेट्रिमिया' कहलाती है। रक्त का घनत्व बढ़ जाने से कोशिकाओं का जल बाहर निकलने लगता है, जिससे कोशिकाएं सिकुड़ जाती है। शरीर में जल की मात्रा बढ़ जाती है। मस्तिष्क की कोशिकाओं के सिकुड़ने से रक्तस्राव होने का खतरा रहता है। इन रोगियों की मानसिक क्षमता कम होने लगती है, कमजोरी लगती है तथा हाथ–पैर सुन्न हो सकते हैं। मांसपेशियों में अकड़न हो सकती है तथा झटके भी आ सकते हैं। रोगियों को शुरुआत में प्यास अधिक लगती है। रक्त में सोडियम का स्तर 180 मिली मोल से अधिक होने पर बेहोशी आ जाती है और मृत्यु भी हो सकती है।

'हाइपरनेट्रिमिया' की समस्या अत्यधिक मात्रा में नमक/सोडियम के सेवन से हो सकती है अथवा फिर किसी कारण से शरीर से अधिक पानी बगैर सोडियम के निकलने लगता है तो भी रक्त में सोडियम का स्तर बढ़ जाता है। पसीना अधिक आने पर अभ्यस्त व्यक्तियों में पसीने में सोडियम कम हो जाता है, पतले दस्त होने, ए०डी०एच० हॉर्मोन की कमी के कारण डायबिटीज एंसीपीडस रोग, रक्त में ग्लुकोज का स्तर बढ़ जाने, अत्यधिक मात्रा में प्रोटीन का सेवन करने से मूत्र की मात्रा बढ़ जाने से भी शरीर में जल की कमी और सोडियम का स्तर बढ़ सकता है।

नमक से रक्तचाप क्यों बढ़ता है?

अब यह प्रश्न होता है कि नमक से रक्तचाप कैसे बढ़ता है? वैज्ञानिकों ने प्रयोगों के आधार पर पाया कि इस कार्य में "नेट्रियूरेटिक" नामक हॉर्मोन की महती भूमिका है। यह हॉर्मोन मूत्र में सोडियम के आयनों का बहाव तेज कर देता है। इस तरह शरीर में नमक की अधिक खपत और रक्तचाप की बढ़ोतरी में गहरा संबंध स्थापित हो सकता है।

इसके अतिरिक्त भी कई ऐसे पदार्थ हैं, जैसे – 'एंजियोटेन्सिन' और नॉरएपीनेफ्रिन, ये भी रक्तचाप बढ़ाने का कार्य करते हैं। परन्तु रक्तचाप के जाने–पहचाने आविष्कारकर्त्ता डॉ० लेविस के० डाल ने सुझाया कि इनके अलावा भी कोई और अलग

पदार्थ भी इसका कारण हो सकता है। कई वैज्ञानिकों ने अपने प्रयोगों के दौरान पाया कि जब जानवरों के शरीर में रक्त का आयतन बढ़ाया गया तो उसमें ऐसी चीज पाई गई जिसने गुर्दे से सोडियम आयन के बहाव को तेज कर दिया। यह चीज उन लोगों के रक्त में भी प्रेक्षित की गई जिन्हें कि 'यूरीमिया' नामक बीमारी थी। इस बीमारी में गुर्दे कार्य नहीं करते और शरीर से विषाक्त पदार्थ एवं पानी को बाहर नहीं निकाल पाते हैं। अतः इससे सिद्ध हुआ कि यह 'नेट्रियूरेटिक हॉर्मोन' का ही चमत्कार है जिसके कारण रक्तचाप में वृद्धि होती है। इस कारण स्वास्थ्य वैज्ञानिकों का यही सूत्र हितकर है कि "अति लवण वर्जयेत्"।

समाधान

जैसा कि वर्णित किया जा चुका है कि रक्त में सोडियम के स्तर में वृद्धि खतरनाक स्थिति होती है। इन रोगियों में मूत्र ज्यादा होने या रक्त में सोडियम का स्तर बढ़ने के मूल कारण का पता लगाकर उचित उपचार आवश्यक है। प्रायशः इन रोगियों के शरीर में जल की मात्रा में कमी हो जाती है, अतः इसकी पूर्ति आवश्यक है। इन रोगियों को जल अधिक मात्रा में पीना चाहिए। गंभीर स्थिति होने या मुँह द्वारा भोजन पानी न पचने पर इनको शिराओं द्वारा ग्लूकोज का घोल अथवा आधी सघनता के नमक का घोल दिया जाता है। इन रोगियों को भोजन में नमक का कम मात्रा में सेवन करना चाहिए, साथ ही सोडियम बहुलता वाले खाद्य पदार्थों का भी परहेज करना चाहिए।

वस्तुतः सोडियम शरीर के लिए अति आवश्यक तत्त्व है। इसके शरीर में कम या अधिक होने के गंभीर परिणाम होते हैं। नमक कम मात्रा में सेवन करने से रक्तचाप कम हो सकता है एवं अन्य समस्याएं भी हो सकती हैं। रक्तचाप कम होने की स्थिति में रोगी यदि नमक का अधिक मात्रा में सेवन करते हैं तो रक्तचाप सामान्य हो जाता है।

लंबे समय तक जरूरत से अधिक नमक का सेवन करने से नमक के प्रति संवेदनशील व्यक्ति भी उच्च रक्तचाप से ग्रसित हो सकते हैं। उच्च रक्तचाप के रोगियों तथा जिन परिवारों में उच्च

रक्तचाप के रोगी हैं, उनके अन्य सदस्यों को भी भोजन में नमक का कम मात्रा में प्रयोग करना चाहिए। इससे रक्तचाप पर नियंत्रण आसान हो जाता है या बचाव होता है।

यह देखा जा रहा है कि अधिकतर व्यक्ति नमक का सेवन जरूरत से ज्यादा मात्रा में करते हैं। अधिकतर खाद्य पदार्थों में सोडियम लवण विभिन्न मात्रा में विद्यमान रहते हैं, अनेक दवाओं में भी सोडियम मौजूद रहता है तथा जल में भी सोडियम लवण होते हैं। साधारण नमक की प्रतिदिन की जरूरत 3 से 5 ग्राम प्रतिदिन होती है। वर्तमान काल में रक्तचाप का प्रकोप बढ़ रहा है। अतः शुरूआत से ही कम मात्रा में नमक सेवन करने की आदत डालनी चाहिए। गरमी के मौसम में, यदि पसीना अधिक आता है, खेल में हिस्सा लेने पर तथा व्यायाम करने पर इसकी मात्रा बढ़ा देनी चाहिए जिससे सोडियम की कमी न हो।

वन्य जीव भी नमक के प्रेमी

मनुष्य की तरह वन्य जीवों को भी नमक की आवश्यकता होती है। सभी जीव प्रकृति के विभिन्न स्रोतों से अपनी लवण तृष्णा को शांत करते हैं। विभिन्न मांसाहारी, तथा शाकाहारी जीव प्रकृति में नमक को सदैव खोजते रहते हैं। मांसाहारी जीव अपनी आवश्यक नमक की मात्रा की पूर्ति शाकाहारी पशुओं के मांस, हड्डियों और रक्त से कर लेते हैं। पौधों पर निर्भर रहनेवाले सभी जीव नमक की पूर्ति करने के लिए विभिन्न प्राकृतिक लवणों युक्त स्रोतों की खोज करते हैं। समुद्र के किनारे रहने वाले जंगली जीव समुद्र के खारे पानी के झाग को चाटकर अपने लिए आवश्यक नमक जुटा लेते हैं।

बंदर भी नदी व नालों की लवणयुक्त चट्टानों को चाटकर अपने रक्त के लिए नमक की आवश्यक मात्रा की पूर्ति करते हैं। भारतीय वन्य जीवों में सांभर, बारसिंगा, चीतल, कृष्णमृग, नीलगाय, चौसिंगा, गौर, वनभैसा आदि सभी नमक के बहुत प्रिय होते हैं; विशेषकर सांभर तो अत्यधिक नमक प्रेमी है। प्रत्येक चिड़ियाघर, राष्ट्रीय उद्यान और अभयारण्यों में शाकाहारी वन्यजीवों के लिए एक विशेष प्रकार का नमक नियमित रूप से चाटने दिया जाता है। इस विशेष नमक को "सालट लीक" कहते हैं। काले मुँह के बंदर या

कॉमन लंगूर जंगल में अपनी नमक की पूर्ति के लिए नदी–नालों के किनारों की चट्टानों को चाटते हैं।

कान्हा नेशनल पार्क में चीतलों के झुंड सामूहिक रूप से लवण पान करते दिखाई देते हैं। पालतू हाथियों और घोड़ों को उनके मालिक नमक की निश्चित मात्रा नियमित रूप से खुराक के साथ मिलाकर देते हैं। वन्य जीवों में नमक चाटने की लालसा को देखकर यह प्रश्न उठता है कि इन जीवों को नमक की आवश्यकता आखिर क्यों होती है? प्रत्येक शाकाहारी पशु घास, पौधों और पत्तियों पर निर्भर रहते हैं। इन पौधों में सोडियम क्लोराइड की मात्रा नगण्य रहती है। इसके विपरीत पौधों में पोटैशियम के लवण की मात्रा अधिक होती है, क्योंकि पौधों की जड़ें मिट्‌टी की उर्वरा शक्ति से युक्त पोटैशियम लवणों को चूस लेती है। शाकाहारी पशु अपने रक्त को पोटैशियम के आधिक्य से मुक्त करने के लिए सोडियम क्लोराइड या सोडियम सल्फेट चाटते हैं। ये सोडियम के लवण इन जीवों के रक्त को पोटैशियम की अधिकता से मुक्त करके उन्हें मूत्र के रूप में शरीर से उत्सर्जित कर देते हैं।

नमक की कमी होने पर शाकाहारी जीवों के रक्त की संरचना असामान्य हो जाती है तथा उनके आमाशय रस में हाइड्रोक्लोरिक अम्ल की उपस्थिति कम हो जाती है। नमक के बिना उनका शरीर कमजोर हो जाता है और भूख समाप्त हो जाती है। इसके अतिरिक्त शरीर की रोग प्रतिरोधक क्षमता में कमी होने के कारण आसानी से विभिन्न प्रकार के रोगों से ग्रसित हो जाते हैं।

नमक की शुद्धता के मानक

हमें विभिन्न उपयोगों के लिए कम तथा अधिक शुद्धतावाले नमक की जरूरत होती है। भारतीय मानक संस्थान ने यह सुनिश्चित किया है कि अमुक–अमुक उपयोग के लिए नमक कितना शुद्ध होना चाहिए। अर्थात् उसमें सोडियम क्लोराइड का न्यूनतम प्रतिशत कितना रहना चाहिए। नमक के मानक निम्नवत् हैं।

उपयोग	सोडियम क्लोराइड %
खाद्य नमक	96
पशु उपभोग के लिए नमक	90
भोजन के लिए सुप्रवाही नमक	97
मक्खन व पनीर के लिए	99.6
सब्जियों और फलों को टिकाऊ रखने के लिए नमक	99.7
मछलियों के संरक्षण के लिए नमक	98
रासायनिक उद्योग के लिए नमक	98

स्वास्थ्य के लिए आयोडीकृत नमक जरूरी

आयोडीकृत नमक के महत्व को जानने के पूर्व आयोडीन के बारे में जानकारी होना नितान्त आवश्यक है।

वस्तुतः मानव शरीर में आयोडीन एक सूक्ष्ममात्रिक तत्त्व (Trace Element) के रूप में कार्य करता है। इससे मूलतः अवटुग्रंथि या थाईरॉइड (Thyroid) की क्रिया प्रभावित होती है। वस्तुतः आयोडीन एक अधात्विक तत्त्व है जो कि शुद्ध रूप में काला, ठोस व क्रिस्टलीय पदार्थ होता है। यह ऊष्मा पाकर सीधे गहरे जामुनी वाष्प में परिवर्तित हो जाता है। व्यावसायिक तौर पर आयोडीन का उत्पादन जापान में प्राकृतिक गैस के उपोत्पाद के रूप में होता है। यह चिली देश में पाये जाने वाले साल्टपीटर नामक शैलों से भी प्राप्त किया जाता है। आयोडीन का स्थिर समस्थानिक (आइसोटोप) I^{127} जिसका परमाणु क्रमांक 53 तथा परमाणु भार 127 है। आयोडीन का गलनांक 113.5° सेल्सियस है।

आयोडीन स्टार्च से प्रक्रिया करने पर गहरा जामुनी रंग देता है। इस प्रकार यदि आयोडीन की सांद्रता 1:1,00,000 भी हो तो भी आयोडीन का पता लग जाता है।

आयोडीन शरीर के लिए बहुत महत्वपूर्ण है। जल एवं भोजन में उपस्थित आयोडीन का आंतों द्वारा अवशोषण कर लिया जाता है। वहाँ से रक्त द्वारा आयोडीन जब अवटुग्रंथि से गुजरती है तो

अवटुग्रंथि उसे अवशोषित कर लेती है। अवटुग्रंथि की कोशिकाएँ एक गोलक (चित्र – 70) के रूप में होती है, गोलक के केन्द्र में कोलायड़ (colloid) नामक पदार्थ रहता है।

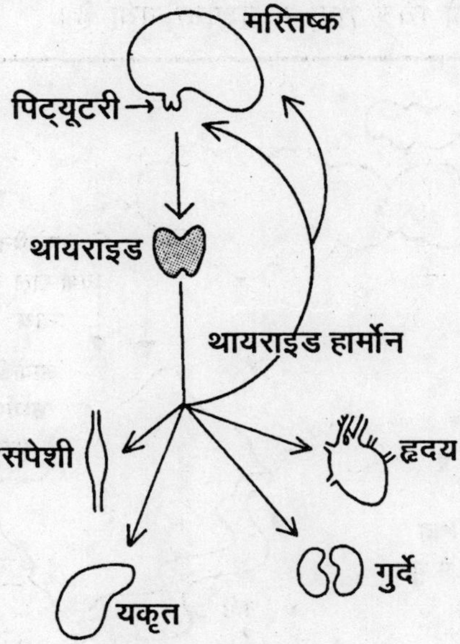

चित्र–70. अवटुग्रंथि

इस कोलायड में एक प्रकार का ग्लायकोप्रोटीन (Glycoprotein) होता है जिसे थायरोग्लोब्यूलीन (Thyroglobulin) कहते है तथा संक्षेप में Tg कहते है। पिट्यूट्री ग्रंथि से उत्पन्न होने वाले हॉर्मोनों में से एक हॉर्मोन जिसे थायरॉइड स्टीमुलेटिंग हॉर्मोन (Thyroid Stimulating Hormone) या TSH कहते हैं। यह अवटुग्रंथि से ट्राय आयडो थायरोनिन या T_3 एवं T_4 (टेट्रा आयडो थायरोनिन) को निर्मक्त कराता है। अवटुग्रंथि में उपस्थित 15–20 मि०ग्रा० आयोडीन में से 100 माइक्रोग्राम (एक ग्राम का दस लाखवाँ हिस्सा) प्रतिदिन हॉर्मोनों के रूप में निकल जाता है।

आयोडीन चक्र : आयोडीन पृथ्वी की ऊपरी सतह से ग्लेशियर, नदियों, बाढ़ आदि के माध्यम से समुद्र में घुलकर चली जाती है। तथा यह पृथ्वी की ऊपरी सतह और समुद्र की सतह से सूर्य की गरमी के कारण निरंतर ऊर्ध्वपातित होती रहती है। इस प्रकार समुद्र की सतह से 4,00,000 टन आयोडीन प्रतिवर्ष

ऊर्ध्वपातित होती है। वैसे तो वर्षा द्वारा कुछ आयोडीन फिर से पृथ्वी पर पहुँचती है परन्तु उसकी मात्रा बहुत ही कम होती है। प्रकृति में आयोडीन की प्रचुरता को सारणी–18 में वर्णित किया गया है तथा आयोडीन चक्र को चित्र 70ए में दर्शाया गया है।

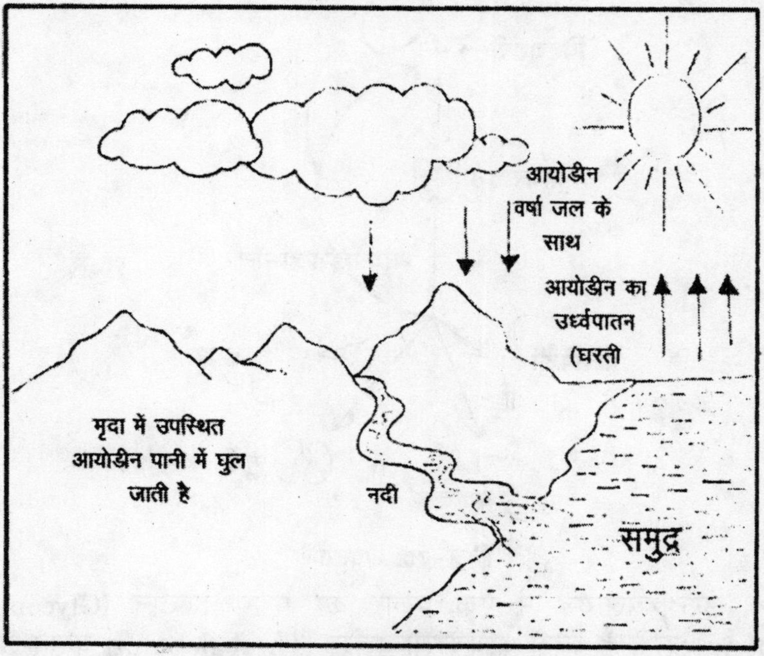

चित्र 70ए. आयोडीन चक्र

सारणी–18. प्रकृति में आयोडीन की प्रचुरता

स्रोत	आयोडीन की मात्रा
समुद्री जल	50 माइक्रोग्राम प्रति लीटर
समुद्री पौधे	500.1000 माइक्रोग्राम प्रति किलो (शुष्क)
तटीय जल	2.9 माइक्रोग्राम प्रति लीटर
तटीय पौधे	20–50 माइक्रोग्राम प्रति किलो शुष्क
वायु	0.7 माइक्रोग्राम प्रति घनमीटर
वर्षा का जल	1.8–8.5 माइक्रोग्राम प्रति लीटर

शरीर को आयोडीन की आवश्यकता

प्रतिदिन शरीर को विभिन्न आयुवर्गों तथा शरीर की स्थिति के अनुरूप आयोडीन की आवश्यकता निम्न प्रकार से हैं, जो सारणी–19 में वर्णित की गई है।

सारणी–19. विभिन्न वर्गों हेतु आयोडीन की आवश्यकता

वर्ग	विश्व स्वास्थ्य संगठन	भारतीय आयुर्विज्ञान अनुसंधान परिषद्
शिशु	0–12 तक 50 माइक्रोग्राम	50 माइक्रोग्राम
बाल्यावस्था	1–10 वर्ष –	70 – 120 माइक्रोग्राम
किशोर एवं वयस्क	7–12 वर्ष 120 माइक्रोग्राम	120–150 मा०ग्रा०
	>12वर्ष 150	–
गर्भवती स्त्रियां	200	175 मा०ग्रा;
स्तनपान करानेवाली स्त्रियां	200	200 माइक्रोग्राम

यह प्रेक्षित किया गया है कि शिशुओं तथा बच्चों को प्रति किलो वजन के हिसाब से वयस्कों से अधिक आयोडीन की आवश्यकता होती है। क्योंकि थायरॉइड हार्मोन उनके विकास के लिए अति आवश्यक है। गर्भवती महिलाओं तथा स्तनपान करानेवाली महिलाओं को भी आयोडीन अधिक चाहिए जिससे पलने वाले शिशु को आयोडीन की प्राप्ति हो सके।

आयोडीन के उपयोग – आयोडीन शरीर के लिए बहुत महत्वपूर्ण है क्योंकि यह थायरॉइड हार्मोन्स का अभिन्न अंग है। इसके अतिरिक्त भी आयोडीन के कई उपयोग हैं, जैसे कि –

- प्रतिरोधी (Antiseptic), जख्मों में प्रयुक्त,
- रंजकों का हिस्सा
- कुछ रासायनिक प्रक्रियाओं की उत्प्रेरक क्षमता
- फोटोग्राफी
- कृत्रिम बादलों का निर्माण
- विकिरण संसूचन (Radiation Detector) में प्रयोग

आयोडीन के रेडियोएक्टिव समस्थानिक अवटुग्रंथि के रोगों के निदान एवं उपचार में बहुत उपयोगी है।

आयोडीन की कमी बहुत घातक : यद्यपि आयोडीन की कमी के विषय में लोगों को लंबे समय से पता है परंतु आयोडीन की कमी से होने वाले रोगों को एक विकराल जन स्वास्थ्य समस्या के रूप में केवल दो दशकों से ही समझा गया है। वस्तुतः यह इसलिए हुआ कि आयोडीन की कमी के दुष्प्रभाव को केवल घेंघा रोग ही माना गया और उसे भी एक सौन्दर्य समस्या मानकर नकार दिया गया। परंतु धीरे–धीरे ज्ञात हुआ कि आयोडीन की कमी से होने वाले दुष्प्रभाव बहुत अधिक भयंकर है, जैसे कि उसकी कमी से शारीरिक और मानसिक विकास तथा मनुष्य व जानवरों की प्रजनन क्षमता पर प्रतिकूल प्रभाव डालते हैं।

आज आयोडीन की कमी के कारण होनेवाले दुष्प्रभावों की जानकारी प्राप्त है, उसको नियंत्रित करने के तरीके भी ज्ञात हैं। ये तरीके बहुत सार्थक, सस्ते व सरल हैं। परंतु यह विडम्बना है कि इतना सब होते हुए भी आयोडीन की कमी की समस्या अपना विशाल रूप धारण किये हुए खड़ी है।

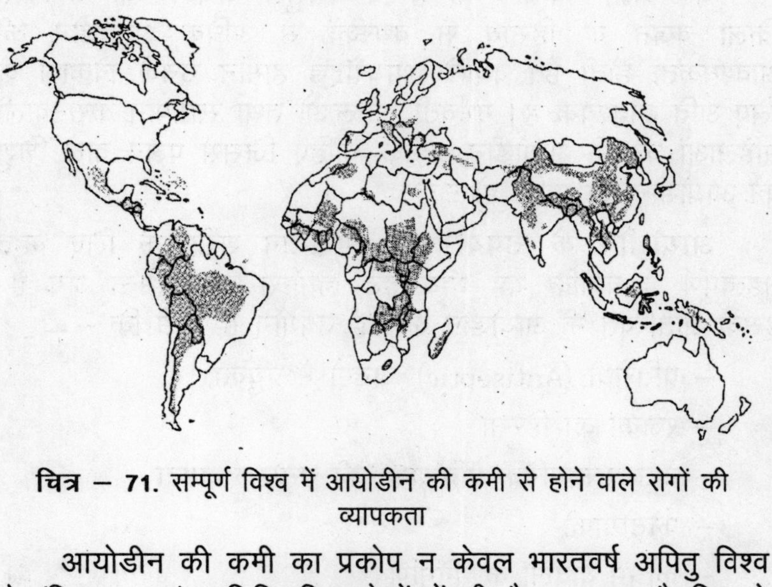

चित्र – 71. सम्पूर्ण विश्व में आयोडीन की कमी से होने वाले रोगों की व्यापकता

आयोडीन की कमी का प्रकोप न केवल भारतवर्ष अपितु विश्व के (चित्र – 71) अतिविकसित देशों में भी है। अनुमान है कि पूरे

विश्व में लगभग एक अरब लोग इसकी कमी का शिकार हो सकते हैं। विश्वसनीय आंकड़ों द्वारा विदित हुआ कि आज विश्व भर में 6400 लाख लोग घेंघा रोग से ग्रसित है। प्रतिवर्ष 120,000 बच्चे मानसिक रूप से विकलांग पैदा होते हैं और 30,000 बच्चे मृत उत्पन्न होते हैं। एक आकलन के अनुसार पूरे विश्व में 200 लाख लोग आयोडीन की कमी से उग्र मानसिक विकलांगता से पीड़ित हैं जिसका उपचार भी संभव नहीं हैं।

उपर्युक्त दुष्प्रभावों के अलावा आयोडीन की कमी से बच्चों का मानसिक विकास कम होने से पढ़ाई पर भी बुरा असर पड़ता है। कई छात्र परीक्षा उत्तीर्ण नहीं कर पाते है और उन्हें एक ही परीक्षा बार–बार देनी पड़ती है। इस कारण बीच में ही स्कूल छोड़ देने वाले छात्रों की संख्या में निरंतर वृद्धि होती जाती है। जनसाधारण की निर्णयात्मक तथा विश्लेषणात्मक क्षमता कम हो जाती है, उनका काम करने में मन नहीं लगता है जिससे उत्पादन क्षमता पर भी विपरीत प्रभाव पड़ता हैं। पशु तथा कुक्कुट उत्पाद भी कम हो जाते हैं। अतः यदि आयोडीन की कमी को दूर किया जाए तो इसके बहुत सारे लाभ हो सकते हैं, जैसे –

- कार्यक्षमता व उत्पादन में वृद्धि।
- छात्रों की शैक्षणिक उपलब्धियों में वृद्धि।
- पशु तथा कुक्कुट उत्पाद में वृद्धि।
- निदान तथा उपचार के खर्चों में कमी।
- विकलांग लोगों की संख्या में कमी तथा पराश्रित लोगों की संख्या में कमी।
- सामाजिक–आर्थिक स्तर में वृद्धि।

इतना सब कुछ ज्ञात होते हुए भी आयोडीन समस्या का आशान्वित उन्मूलन नहीं हुआ है। इसके प्रमुखतः निम्नांकित कारण हैं।

- आम जनता में आयोडीन की कमी के दुष्प्रभावों की जानकारी में कमी।
- आयोडीकृत नमक के वितरण में कमियाँ।

– आयोडीन युक्त नमक के परीक्षण में सख्ती से नहीं पालन।

अतः यह नितांत आवश्यक है कि जनसाधारण को आयोडीन की कमी के दुष्प्रभावों के बारे में जानकारी होनी चाहिए।

आयोडीन की कमी से घेंघा रोग

आयोडीन अल्पता से घेंघा या गलगण्ड (Goitre) रोग होने की प्रबल संभावना रहती है। गायट्र शब्द की उत्पत्ति लेटिन भाषा के शब्द Gotter यानी गले से हुई है। वस्तुतः यह अवटुग्रंथि या थायरॉइड का एक विकृत रूप है, जबकि थायरॉइड ग्रीक शब्द है जिसका अर्थ 'ढाल' होता है। वस्तुतः अवटुग्रंथि का आकार, ग्रीक युद्धों में काम आनेवाली ढाल के समान है। यह शब्द अंग्रेज चिकित्सक व्हारटन (Wharton) ने सन् 1646 ई० में दिया था। घेंघे के विषय में कई किंवदंतिया और गलत मनोधारणाएँ भी प्रचलित हैं; जैसे कि यह –

- चन्द्रमा के कुप्रभाव से होता है।
- जोर–जोर से लंबे समय तक खाँसने से होता है।
- स्त्रियों में कठिन प्रसव के फलस्वरूप होता है। इसलिए कई देशों में प्रसव के दौरान गले में धागा बाँधा जाता है।
- काफी क्षेत्रों में मान्यता है कि घेंघा स्त्रियों की सुंदरता का प्रतीक है तथा यह भी माना जाता है कि जितना बड़ा घेंघा उतनी ही सुंदर स्त्री।

आयोडीन तथा घेंघे का ऐतिहासिक परिदृश्य

इस विषयक जानकारी निम्नवत् हैं।

- अब तक उपलब्ध, घेंघे का प्राचीनतम विवरण चीन के महाराजा शेन नुंग (2838-2978 ई० पू०) की पुस्तक में मिलता है।
- मिस्र में 1500 ई० पू० शायद घेंघे को शल्य चिकित्सा से ठीक किया जाता था।

- दूसरी सदी के एक शिला चित्र में, जो कि गंधार में मिलता है, घेंघे से पीड़ित एक व्यक्ति को दरशाया गया है।
- पांचवी सदी में चीन में पशुओं की अवटुग्रंथि मानव में घेंघे की चिकित्सा के लिए प्रयुक्त होती थी।
- स्विस चिकित्सक पैरासेल्सस (Paracelsus, 1943-1541) ने प्रथम बार दर्शाया कि घेंघा पीड़ित माता–पिता व क्रैटिन बच्चों में कोई संबंध है।
- 811 ई० में कुटुई (Courtois) ने समुद्री पौधों से आयोडीन को पृथक किया।
- 1813 ई० में सर हम्फरी डेवी (Sir Humphry Davy) ने उस पर आगे अनुसंधान किया तथा इसका नाम `X' (एक्स) रखा। "गै लुसक" (Gay Lussac) ने इसको आयोडीन के नाम से पुकारा।
- 1833 ई० में बोसिंगाल्ट (Boussingault) ने सुझाव दिया कि घेंघे के उपचार के लिए आयोडीनयुक्त नमक का प्रयोग किया जाए।
- 1846 ई० में मेफोनी व प्रिवोस्ट (Maffoni & Prevost) ने सुझाव दिया कि घेंघा आयोडीन की कमी से होता है।
- 1896 ई० में बाऊमन (Baumann) ने अवटुग्रंथि में आयोडीन की उपस्थिति दर्शायी।
- 1916–20 में मेरिन व किम्बाल (Marine & Kimball) ने व्यापक स्तर पर सर्वप्रथम आयोडीनयुक्त नमक का प्रयोग आम जनता पर किया।
- 1920 ई० में सर्वप्रथम स्विट्जरलैंड में आयोडीनयुक्त नमक के प्रयोग के लिए कानून बना।

गलगण्ड या ग्वाइटर

मनुष्य के शरीर में औसतन 25 मिलीग्राम आयोडीन होती है जो मुख्यतः प्रोटीन और आयोडीन के जटिल यौगिक थाइरोग्लोब्युलिन के रूप में थाइरॉइड में जमा रहता है। इसका

लगभग 30 फीसदी हिस्सा थाइरॉइड द्वारा थाइरॉक्सिन नामक हॉर्मोन बनाने में काम आता है और शेष गुर्दों द्वारा मूत्र के साथ बाहर निकाला जाता है। पत्ता गोभी, फूलगोभी और मूली की असामान्य अधिक खपत थाइरॉक्सिन के निर्माण में बाधक है। प्रोटीन के चयापचय में सहायक प्रोटीओलाइटिक एंजाइम उपरोक्त यौगिक को विभाजित करते हैं और फलतः थाइरॉक्सिन तथा अल्प मात्रा में ट्राइआयोडोथाइरोनीन रक्त में प्रवेश करते हैं। थाइरॉक्सिन हार्मोन की कमी होने पर पीयूष (पिट्यूटरी) ग्रंथि थाइरॉइड–उत्तेजक अन्य हॉर्मोन छोड़ती है जिसके कारण थाइरॉइड ग्रंथि में अधिक कोशिकाओं का निर्माण होता है और आकार बढ़ता है। इस प्रकार गलगण्ड उभर (चित्र – 72) आता है। गलगण्ड के साथ अपविकास या विकृत रोग मिक्सोएडेमा होता है जिसमें उपापचय शक्ति घट जाती है, त्वचा स्थूल हो जाती है, बाल झड़ते है तथा शारीरिक एवं मानसिक मंदता आती है। वस्तुतः थाइरॉक्सिन हॉर्मोन उपापचय के साथ ऊतकों की ऑक्सीजन ग्रहण की क्षमता को प्रभावित करता है। थाइरॉक्सिन की कमी से केश, नख, त्वचा, दांत आदि सभी कमजोर हो जाते हैं। अत्यधिक कुप्रभाव के रूप में रक्त में कोलेस्ट्रोल की वृद्धि और धमनी संबंधी हृदय रोग हो सकते हैं। इससे रक्ताल्पता, थकावट, आलस्य, कार्य करने की अनिच्छा तथा निम्न रक्तचाप और मोटापा भी हो सकता है।

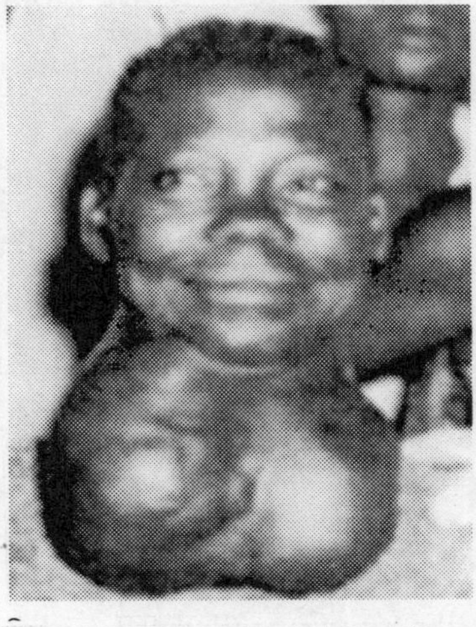

चित्र – 72. गलगण्ड से ग्रसित रोगी

वस्तुतः घेंघा या गलगण्ड यदि आकार में छोटा हो तो उससे आमतौर पर कोई नुकसान नहीं होता है। परन्तु आयोडीन की कमी दूर करना आवश्यक है। बड़े आकार के घेंघे श्वास नली पर दबाव डाल सकते हैं जिससे श्वास लेने में कठिनाई हो सकती है। रक्त शिराओं पर दबाव पड़ने से रक्त के दौरे पर भी प्रभाव पड़ सकता है।

आयोडीन की कमी से अवटुग्रंथि की आयोडीन की आवश्यकता बढ़ जाती है। अतः जरा सी भी आयोडीन मिलने पर वह उसका तुरंत अवशोषण कर लेती है। आयोडीन की कमी वाले क्षेत्र में यदि नाभिकीय अवपात (Nuclear Fallout) हो जिसमें काफी मात्रा में आयोडीन का विघटनाभिक समस्थानिक I^{131} निकलता है, तो शरीर में I^{131} काफी मात्रा में चली जाएगी और विकिरण अवटुग्रंथि के ऊतकों को नष्ट कर देगा। इस प्रकार से प्रभावित मनुष्य की अवटुग्रंथि हमेशा के लिए निष्क्रिय हो जाएगी। कुछ वैज्ञानिकों का मत है कि ऐसे लोगों में अवटुग्रंथि के कैंसर की आशंका बढ़ जाती है, विशेषतया बच्चों में।

थाइरॉइड के कार्य के नियंत्रण को चित्र – 73 में तथा आयोडीन की कमी के दुष्प्रभाव को चित्र – 74 में दर्शाया गया है।

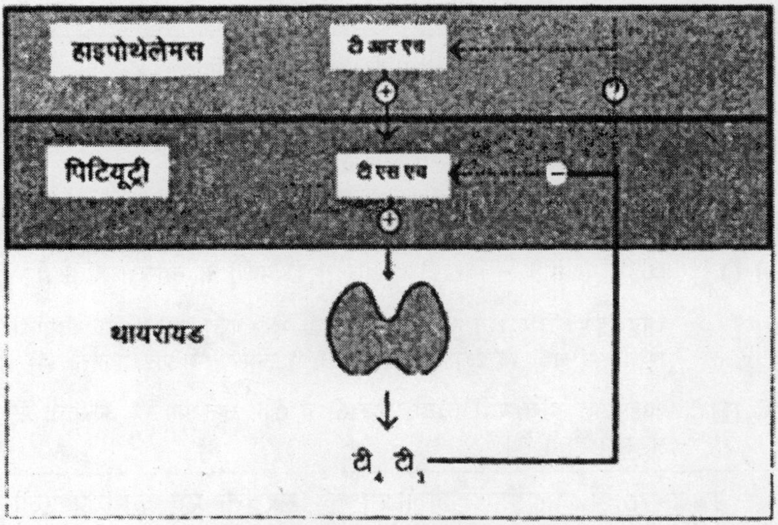

चित्र–73. थाइरॉइड का कार्य नियंत्रण

चित्र–74. आयोडीन की कमी के दुष्प्रभाव

घेंघे का वर्गीकरण

वर्ग	प्रभाव
वर्ग O	थाइरॉइड ग्रंथि न दिखती है और न ही हाथों से महसूस होती है।
वर्ग I	थाइरॉइड ग्रंथि छूने से महसूस होती है। परंतु गद्रन की सामान्य स्थिति में नहीं दिखती तथा निगलने से ऊपर की ओर हिलती है।
वर्ग III	थाइरॉइड ग्रंथि बड़ी (घेंघा) दिखती है और छूने पर भी आसानी से महसूस होती है।

चित्र–75 में थाइरॉइड फोलीयन की संरचना एवं कार्य प्रणाली को दर्शाया गया है।

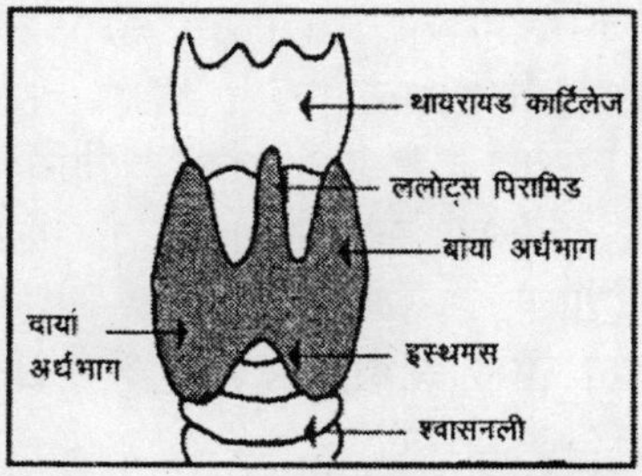

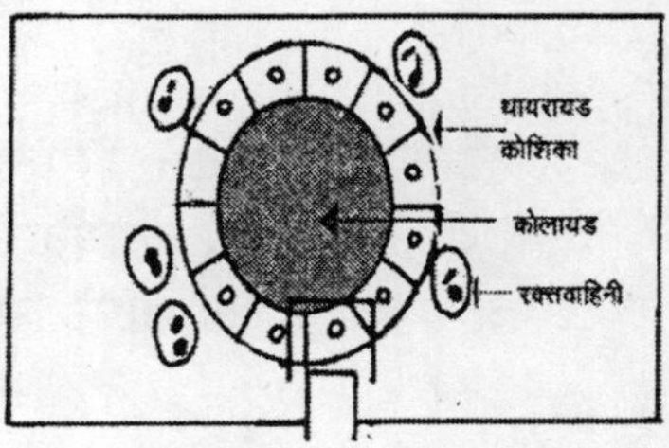

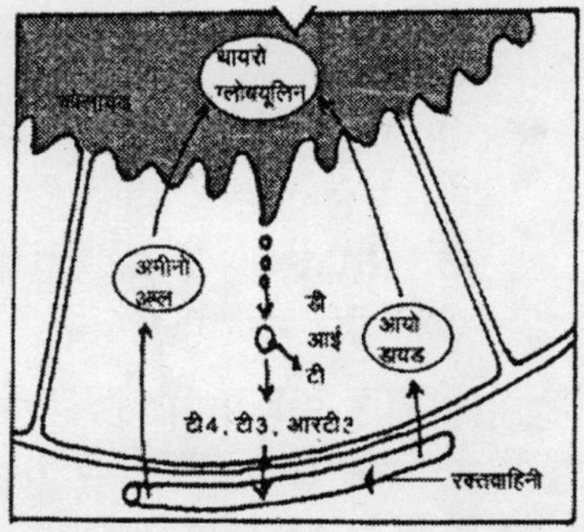

स्तर : थायरायड फोलीयन की संरचना एवं कार्य प्रणाली

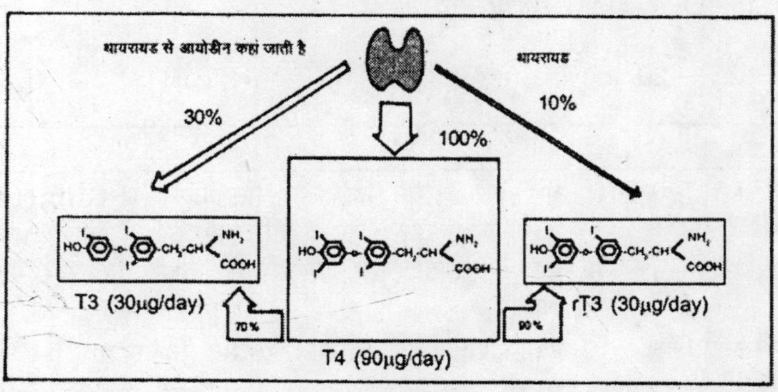

चित्र–75. थाइरॉइड फोलीयन की संरचना एवं कार्यप्रणाली

बच्चों में आयोडीन की कमी का मूल्यांकन

वस्तुतः स्कूली छात्र, आयोडीन की कमी का मूल्यांकन करने के लिए, सबसे उपयुक्त माध्यम है। क्योंकि उन तक आसानी से पहुँचा जा सकता है तथा आयोडीन की कमी के दुष्प्रभाव भी सबसे अधिक उनमें ही मिलते हैं। यह प्रेक्षित किया गया है कि यदि

आयोडीन की कमी हो तो बच्चों को घेंघा या गलगण्ड होने लगता है। जब कहीं पर भी 5 प्रतिशत से अधिक स्कूली बच्चों को घेंघा हो तो अवश्य ही विस्तृत तौर पर परीक्षण किया जाना चाहिए। क्योंकि यह वर्ग प्रभावी तौर पर जन साधारण में मौजूद आयोडीन की कमी के स्तर को दर्शाता है, जबकि वयस्क हाल ही के आयोडीन की कमी के स्तर को ठीक से नहीं दर्शाते हैं, क्योंकि

- उनमें पाये जाने वाले घेंघे, गाँठे बचपन में ही बनी हो सकती हैं।
- आयोडीन देने पर भी उनके घेंघे का आकार घटने लगता है। इस प्रकार आयोडीन की कमी दूर करने के कार्यक्रम की सफलता स्कूली छात्रों में सर्वेक्षण करके आसानी से मापी जा सकती है।

आयोडीन की कमी के अलावा घेंघा या गलगण्ड कुछ खाद्य पदार्थों के अत्यधिक सेवन से मुख्यतः कसावा व बंदगोभी आदि से भी हो सकता है। आयोडीन की कमी से होने वाले रोग (IDD) को सारणी–20 में वर्णित किया गया है।

सारणी – 20. आयोडीन की कमी से होने वाले रोग

वर्ग	प्रभाव
1. जन्म से पूर्व भ्रूण	भ्रूण की मृत्यु (गर्भपात), मृत जन्म (Stillbirth), जन्मजात विकलांगता, क्रैटिनिज्म दोनों में किसी प्रकार का (न्यूरोलॉजिकल क्रैटिनिज्म तथा मिक्सएडीमेट्स क्रैटिनिज्म)
2. नवजात शिशु	घेंघा हाइपोथायरॉयडिज्म, मानसिक विकलांगता
3. बच्चे और किशोर	घेंघा, हाइपोथायरॉयडिज्म, मानसिक कमियाँ बाधित शारीरिक व मानसिक विकास, पढ़ाई में कमजोर
4. वयस्क	घेंघा, हाइपोथायरॉइडिज्म बाधित कार्यक्षमता
5. स्त्रियाँ	बांझपन तथा गर्भपात की समस्या, अभिमंत्रणा/निर्णय लेने की क्षमता में कमी

भारत में गलगण्ड से प्रभावित क्षेत्रों को चित्र–76 में दर्शाया गया है।

वस्तुतः आयोडीन की कमी विभिन्न आयु वर्गों के मनुष्यों को अलग–अलग तरीके से प्रभावित करती है।

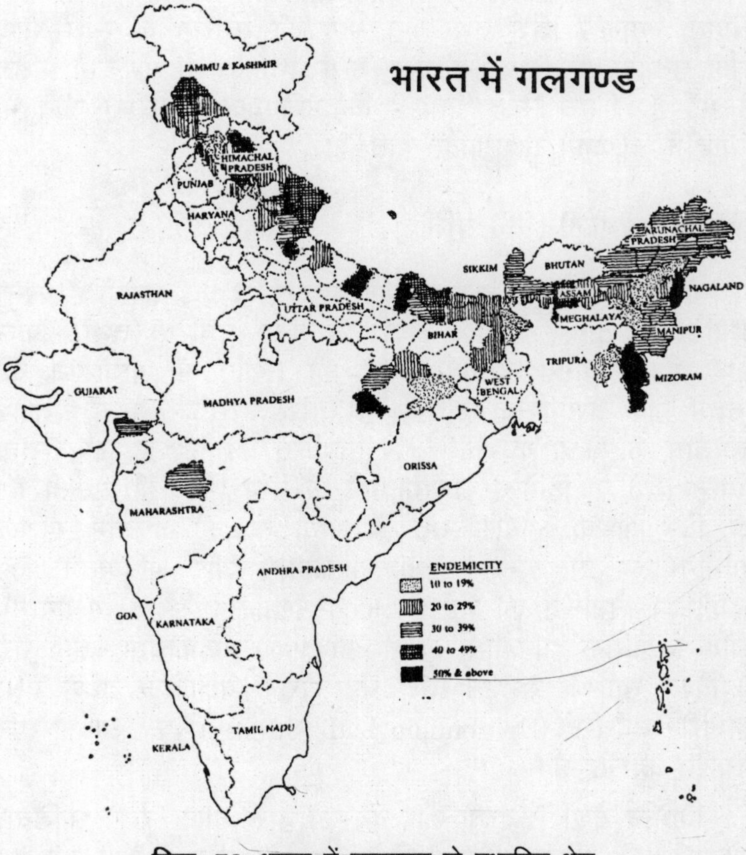

चित्र–76. भारत में गलगण्ड से प्रभावित क्षेत्र

आयोडीन की कमी से जानवर भी प्रभावित

आयोडीन की कमी न केवल मानव में वरन् मवेशियों तथा जलीय जीवों में भी प्रेक्षित की गई है। जापान में सन् 1988 में एक चिड़ियाघर की शार्क मछलियों ने भोजन करना छोड़ दिया और वे तेजी से मरने लगी। उनका शव परीक्षण करने पर ज्ञात हुआ कि उनकी अवटुग्रंथि सामान्य से बहुत बड़ी थी। जाँच करने पर विदित हुआ कि समुद्र में रहने वाली शार्क मछलियाँ, चिड़ियाघर में अतिशुद्ध

जल में पाली जा रही थी। इस जल में आयोडीन न होने से यह स्थिति उत्पन्न हुई। तत्पश्चात् जल में आयोडीन मिलाने से उनकी स्थिति में सुधार हो गया। इसके अतिरिक्त पशुओं में बांझपन, गर्भपात, कमजोर शिशु तथा कम आयु की समस्या के साथ–साथ उनके उत्पादों, यथा – अंडे, ऊन, माँस तथा दूध में भी कमी प्रेक्षित की गई है। इससे सिद्ध होता है कि मानव के अतिरिक्त जीव भी आयोडीन की कमी से प्रभावित होते हैं।

शरीर में आयोडीन की पूर्ति

वैसे तो आयोडीन को शरीर में पहुँचाने के कई तरीके हैं परन्तु आयोडित (Iodised) नमक तथा तेल बहुत प्रचलित तथा सफल तरीके हैं। नियमित दैनिक प्रयोग की स्थिति में आयोडीन की इष्टतम जैव रासायनिक खुराक मूत्र द्वारा उत्सर्जित तथा अंतशेष आयोडीन की मात्रा के आधार पर निर्धारित की गई है, जो वस्तुतः विभिन्न देशों के विभिन्न जनसमुदायों के लिए भिन्न हो सकती है। एक दिन अथवा चौबीस घंटे में आयोडीन की इष्टतम खुराक सार्वभौम रूप से न्यूनतम 100 माइक्रोग्राम और अधिकतम 300 माइक्रोग्राम निर्धारित की गई है (1000 माइक्रोग्राम = 1 मिलीग्राम), जबकि प्रायोगिक हानिरहित खुराक 50–1000 माइक्रोग्राम बताई गई है। विश्व स्वास्थ्य संगठन द्वारा यह खुराकें वैज्ञानिक तथ्यों तथा महामारी सर्वेक्षण (Epidemiological Survey) के आधार पर निर्धारित की गई है।

विभिन्न देशों में बच्चों और वयस्कों द्वारा नमक यानी सोडियम क्लोराइड की दैनिक खपत 5 से 15 ग्राम के बीच में पाई गई है। इससे अधिक नमक की खुराक हानिकारक और अनावश्यक मानी गई है। इसके आधार पर नमक का आयोडिनीकरण अपेक्षित है ताकि प्रतिदिन औसतन 150 माइक्रोग्राम आयोडीन शरीर को नमक के माध्यम से प्राप्त हो सके। जिस जन समुदाय के दैनिक भोजन में आयोडीन बिल्कुल अनुपस्थित हो या पहले से आयोडीन की कमी हो उनमें नमक द्वारा आयोडीन की आपूर्ति दैनिक 50 माइक्रोग्राम से कम होने पर उनमें गलगण्ड या घेंघा रोग होने की संभावना हो सकती है।

राष्ट्रीय घेंघा रोग नियंत्रण कार्यक्रम

भारत सरकार ने सन् 1962 में ''राष्ट्रीय घेंघा नियंत्रण कार्यक्रम'' प्रारंभ किया था जिसके अन्तर्गत अन्य उपायों के साथ–साथ खाने वाले नमक के आयोडिनीकरण पर विशेष बल दिया गया था। इस कार्यक्रम को शत–प्रतिशत सहायता केन्द्र सरकार द्वारा प्रदान की गई। तत्पश्चात् अगस्त 1992 में 'राष्ट्रीय घेघा रोग नियंत्रण कार्यक्रम' के स्थान पर राष्ट्रीय आयोडीन अल्पता' विकार नियंत्रण कार्यक्रम' अपनाया गया। इस कार्यक्रम के मुख्य उद्‌देश्य निम्नांकित हैं।

- आयोडीन की कमी से होने वाले रोगों के विस्तार का पता लगाने के लिए सर्वेक्षण करना।
- साधारण नमक के स्थान पर आयोडीनयुक्त नमक उपलब्ध कराना।
- आयोडीनयुक्त नमक के प्रभाव का आकलन करने के लिए प्रत्येक पांच वर्ष के अंतराल पर पुनः सर्वेक्षण करना।
- आयोडीनयुक्त नमक की गुणवत्ता का मॉनीटरन करना और मूत्रीय आयोडीन उत्सर्जन पैटर्न को आंकना।
- स्वास्थ्य, शिक्षा और प्रचार।

यद्यपि आयोडीन डेफिसिएंसी डिसआर्डर्स (आई॰डी॰डी॰) को समाप्त करने की दिशा में सरकार द्वारा अनेक कदम उठाए गए हैं, परन्तु यह समस्या अभी भी गंभीर बनी हुई है। इस समस्या के निदान में जन जागरुकता की भी महती आवश्यकता है। तथा गैर सरकारी संस्थान एवं पंचायती राज संस्थाएं इस क्षेत्र में अहम् भूमिका निभा सकती हैं।

नमक का आयोडीनीकरण

यदि एक व्यक्ति प्रतिदिन 10 ग्राम नमक खाता है और उसे 150 माइक्रोग्राम आयोडीन प्रतिदिन चाहिए, तो संग्रह क्षय को ध्यान में रखकर 30–50: 10,00,000 के अनुपात में आयोडीन नमक में

मिलाया जाता है। दूसरे शब्दों में 30 से 50 पार्ट्स प्रति दस लाख भाग (Parts per million; ppm)। इस प्रकार उदाहरण के तौर पर 30 से 50 ग्राम आयोडीन प्रति 1000 किलो नमक में मिलाई जाएगी।

नमक को आयोडित करने के लिए पोटैशियम आयोडेट या पोटैशियम आयोडाइड को मिलाया जाता है तथा ऐसा नमक आयोडेटेड (Iodated) या आयोडीकृत (Iodized) कहलाता है। सरल भाषा में आयोडीन युक्त नमक को आयोडित नमक कह सकते हैं। इसमें आयोडीन किसी भी रूप में हो सकता है। नमक को आयोडीकृत करने के तरीके को चित्र – 77 में दर्शाया गया है।

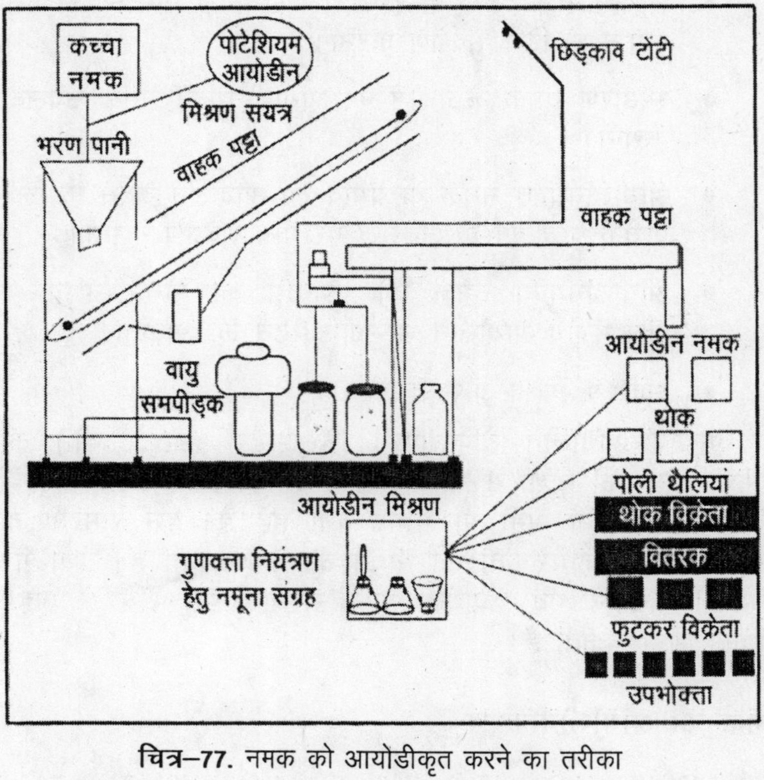

चित्र–77. नमक को आयोडीकृत करने का तरीका

पोटैशियम आयोडाइड सस्ता किंतु कम स्थिर होता है। इसे शुष्क व अधिक शुद्ध नमक में ही मिलाना श्रेयस्कर होता है। जबकि पोटैशियम आयोडेट आर्द्र नमक में भी स्थिर रहता है और सरलता

से वाष्पीकृत नहीं होता है। इसलिए कम शुद्ध व उमस वाले स्थानों में तथा यदि लंबे समय तक नमक को रखना हो तो यह अधिक उपयुक्त है। पिसे नमक को डलीदार बनने से बचाने के लिए इसमें 'प्रति–केकन कारक या Anti Caking Agent मिलाए जाते हैं, जैसे – कैल्सियम कार्बोनेट, ट्राईकैल्सियम फॉस्फेट या मैग्नीशियम कार्बोनेट।

आयोडीन को नमक में मिलाने के कई तरीके हैं, जैसे –

शुष्क मिश्रण (Dry Mixing) पिसे नमक में आयोडेट या आयोडाइड का पाउडर मिलाया जाता है।

– **ड्रिप मिश्रण (Drip feed Addition)** : क्रिस्टलीय नमक पर आयोडेट या आयोडाइड का घोल छिड़का जाता है।

– **निमग्न प्रक्रम (Submersion Process)** : संतृप्त नमक को आयोडीन के घोल के संपर्क में रखकर सुखा लिया जाता है।

चित्र–78. नमक का आयोडिनिकरण

आयोडीन रहित नमक की खाद्य उद्देश्य से बिक्री को भारत सरकार द्वारा जी०एस०आर० संख्या जी – 70 (ई) दिनांक 17–11–2005 के माध्यम से राष्ट्रीय स्तर पर पुन प्रतिबंधित किया

गया था और अभी भी जारी है। वैश्विक नमक आयोडीकरण (U.S.I) की ओर अग्रसर होते हुए आयोडीनयुक्त नमक का उत्पादन जो 1992–93 के दौरान 28.34 लाख टन था, वर्ष 2007–08 में बढ़कर 49.62 लाख मीट्रिक टन हो गया। नमक आयोडिनीकरण को चित्र – 78 में दर्शाया गया है।

स्थिर आयोडिकरण कर्मक

सीएमसीआरआई ने एक नवीन आयोडिकरण कर्मक का आविष्कार किया है जिसमें आयोडिकरण हेतु आयोडाइड का मिश्रण तथा आयोडेट का प्रयोग किया जाता है। इस आयोडिकरण कर्मक को विलयन में प्राप्त किया जाता है तथा यह उदासीन से क्षारीय पी.एच. पर स्थिर रहता है, जबकि अम्लीय पी.एच. पर अस्थिर होता है तथा आयोडीन तत्व को निर्मुक्त करता है जो कि शरीर द्वारा सुगमता से अवशोषित करली जाती है। इस आयोडीकृत लवण में आयोडीन की स्थिरता का सामयिक परीक्षण किया गया तथा एक वर्ष तक रखने पर भी आयोडीन का क्षय शून्य ही पाया गया। इस संस्थान के वैज्ञानिको ने फार्मा ग्रेड रसायनों तथा जल में विलेय क्षारीय आयोडेट से आयोडेट ॠणायन के सन्निवेशन द्वारा आयोडिकरण कर्मक को तैयार करने का नया प्रक्रम खोजा है। इस प्रकार से तैयार किया गया आयोडिकरण कर्मक दीर्घकाल तक स्थिर रहता है।

लौह–आयोडीन द्वि सशक्त नमक (Fe-I_2 double fortified Salt)

सीएसएमसीआरआई के वैज्ञानिकों ने हाल ही में आयरन तथा आयोडीन युक्त द्वि सशक्त साधारण नमक तैयार करने का नया प्रक्रम ढूंढ निकाला है। सामान्यतया यह देखा गया है कि जब नमक को लोह एवं आयोडीन से सशक्त किया जाता है तो आयोडीन अस्थिर हो जाती है। तथा फैरस (II) के फैरस (III) में ऑक्सीकृत होने से नमक रंगीन हो जाता है। परन्तु इस प्रक्रम में आयोडीन की स्थिरता कायम रहती है तथा नमक का सफेद रंग भी वैसा का वैसा रहता है।

नमक से आयोडीन का क्षय

यह प्रेक्षित किया गया है कि आयोडीनयुक्त नमक से आयोडीन का क्षय काफी मात्रा में हो सकता है, जैसे कि –

- यदि नमक को धूप लगे या अधिक तापमान की स्थिति में रहना पड़े तो आयोडाइड या आयोडेट ऑक्सीकृत (Oxidized) होकर आयोडीन में बदलकर ऊर्ध्वपातित (Sublimate) हो जाते हैं। इस प्रकार नमक के कारखाने से घर तक पहुँचने तक 20 प्रतिशत आयोडीन का क्षय हो जाता है। इस कारण नमक को कम तापमान वाली जगह तथा धूप से बचाकर संग्रहित तथा परिवहित (चित्र–79) करना चाहिए।

चित्र–79. आयोडीकृत नमक का भंडारण

- नमी भी आयोडीन के ऑक्सीकरण में सहयोग देती है। इसके अलावा नमी के कारण आयोडीन, निक्षालन (Leaching) से भी बह जाती है। नमक में पाया जानेवाला मैग्नीशियम क्लोराइड आर्द्रताग्राही होता है। यदि इसकी मात्रा नमक के 5.5 प्रतिशत से अधिक हो तो आयोडीन का क्षय बढ़ जाता है। मैग्नीशियम द्वारा

ग्रहण की गई आर्द्रता में आयोडीन घुल जाती है। तथा गुरुत्वाकर्षण के कारण छोटी–छोटी बूंदे बड़ी बनकर नीचे की ओर बहने लगती है और नमक के पैकेट के तले में पहुँचकर धारा के रूप में बाहर निकल जाती है। अतः नमक में मैग्नीशियम क्लोराइड जैसी अशुद्धियाँ न्यूनतम होनी चाहिए। नमक को नमी–सह (**Moisture Proof**) थैलों मे ही पैक करना चाहिए तथा नमक को आर्द्रतारहित स्थान में भंडारित करना चाहिए। भोजन पकाने के दौरान 20 प्रतिशत आयोडीन का क्षय होता है। अतः नमक को भोजन पकाने के पश्चात् डालना श्रेयस्कर रहता है। आयोडीनयुक्त डलीदार नमक को प्रयोग में लाने से पूर्व नहीं धोना चाहिए, इससे आयोडीन पानी में घुलकर बह जायेगी।

– आयोडीनयुक्त नमक के लिए सदैव प्लास्टिक के बोरों का अथवा प्लास्टिक लाइनिंग के बोरों का प्रयोग करना चाहिए।
– आयोडीनयुक्त नमक के लिए प्लास्टिक के कटे–फटे बोरों का इस्तेमाल नहीं करना चाहिए।
– आयोडीनयुक्त नमक को खुले बोरे में नहीं रखना चाहिए।
– आयोडीनयुक्त नमक को धूप, नमी तथा वर्षा से बचाकर रखना चाहिए।

आयोडित तेल (Iodized Oil)

इसे बनाने का सिद्धान्त यह है कि खाद्य तेल, जो कि असंतृप्त होते हैं, आयोडीन से प्रतिक्रिया कर आयोडीन के अणु को अपने ढांचे में सम्मिलित कर लेते हैं। यह रासायनिक क्रिया बहुत साधारण है और सरलता से हो जाती है। अभी तक इसके लिए खस का तेल, सोयाबीन व अखरोट का तेल प्रयोग किया गया है। सर्वप्रथम आयोडित तेल का प्रयोग इंजेक्शन के रूप में आयोडीन की कमी दूर करने के लिए 1950 के दशक में क्लार्क ने सुझाया था। 0.2 से 4 मिलीलीटर तेल की मात्रा 95 से 1600 मिलीग्राम आयोडीन शरीर

को प्रदान कर सकती है। इंजेक्शन के पश्चात् आयोडित तेल का शरीर में किस प्रकार उपापचयन (Metabolism) होता है, यह अच्छी तरह ज्ञात नहीं है। यद्यपि शरीर की जिन माँसपेशियों में इसे लगाया जाता है वहाँ पर यह तेल 2–3 वर्ष तक जमा रहता है और धीरे–धीरे आयोडीन निर्मुक्त करता रहता है। उदाहरण के तौर प्रति व्यक्ति प्रतिवर्ष इस तकनीक का खर्चा दो चाय के कप के मूल्य के बराबर हैं।

आयोडित तेल को मुँह के रास्ते भी देने का प्रयास किया गया है। मुँह से देने पर आंतों में तेल अवशोषित होकर रक्त के रास्ते शरीर के वसीय ऊतकों में संचित हो जाता है और वहाँ से थोडी–थोड़ी आयोडीन धीरे–धीरे निर्मुक्त करता रहता है। मुँह के रास्ते इसका प्रभाव कम समय यानी की मात्र 1 या 2 वर्ष तक ही रहता है।

वस्तुतः आयोडित तेल के इंजेक्शन आधारभूत कमियों के कारण कम प्रचलित हैं, जैसे कि –

- प्रायः इंजेक्शन से काफी लोग डरते हैं।
- इंजेक्शन देने के लिए प्रशिक्षित व्यक्तियों का होना आवश्यक है।
- एक बड़े स्तर पर इंजेक्शन लगाने की व्यवस्था करना, लोगों को सूचित करके एकत्र करना आदि खर्चीला तथा समय लगने वाला कार्य है।
- मुँह के रास्ते लेने पर शरीर में आयोडीन शुरु–शुरु में काफी तेजी से बढ़ती है। परंतु मुँह से माध्यम से देने के लिए इसका स्वाद भी अच्छा होना आवश्यक है।

आयोडीन की कमी से होने वाले रोगों के उन्मूलन को चार्ट की सहायता से दर्शाया गया है।

अवटुग्रंथि का विकास

यह देखा गया है कि गर्भस्थ मानव शिशु की आयु जब केवल तीन सप्ताह के लगभग होती है तो अवटुग्रंथि की उत्पत्ति जिह्वा के तल से विकसित ऊतकों की एक गांठ से आरंभ होती है। यह गांठ

गद्रन के अग्र भाग मे नीचे की ओर जाती है तथा 10–12 सप्ताह की आयु तक पूर्णतया अवटुग्रंथि का विकास हो जाता है। 12 सप्ताह के उपरांत अवटुग्रंथि आयोडीन का अवशोषण आरंभ कर देती है। जन्म के समय मानव शिशु में अवटुग्रंथि 1.5 ग्राम के लगभग होती है तथा वयस्क में 20 ग्राम। इसमें अन्य अंगों की अपेक्षा रक्त का प्रवाह अधिक होता है – 100 से 120 मि०ली० प्रति मिनट।

आयोडीन की कमी से होने वाले रोगों का उन्मूलन

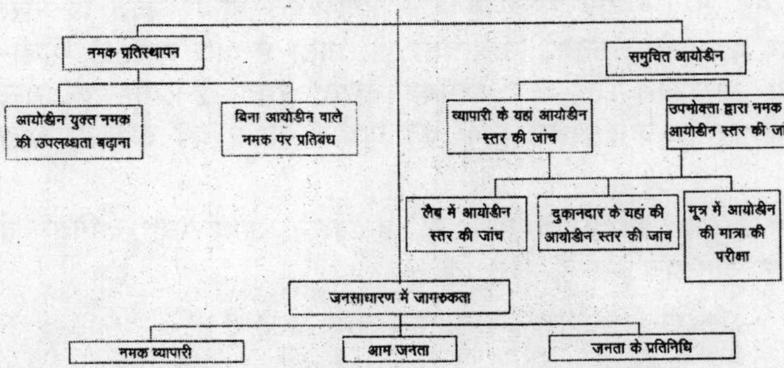

चार्ट – आयोडीन की कमी से होने वाले रोगों का उन्मूलन

आयोडीन मूल्यांकन किट

भावनगर स्थित केन्द्रीय नमक एवं समुद्री रसायन अनुसंधान संस्थान के वैज्ञानिकों ने आयोडीकृत नमक में यथोचित आयोडीन की मात्रा ज्ञात करने हेतु किट (चित्र–80) तैयार किया है। इसमें आयोडीकृत नमक में संभावित मिलावट का पता लगाया जा सकता है।

वैसे सामान्य तौर पर भी यदि परीक्षण किए जाने वाले नमक के सांद्र जलीय विलयन के एक मिलीलीटर में एक बूँद स्टार्च का घोल डालें और फिर एक प्रतिशत हाइपोफास्फोरस अम्ल की एक बूँद डालने पर घोल में अस्थाई या क्षणिक नीला रंग आए तो आयोडेटयुक्त सही आयोडीन नमक होगा और ऐसा नहीं हो तो घटिया। इस परीक्षण के दौरान आयोडीन तुरंत बनती है और फिर घोल में हुई क्रिया द्वारा हाइड्रोआयोडिक अम्ल बनता है। घटिया

नमक में विद्यमान क्लोरेट या ब्लीचिंग पाउडर इन स्थितियों में क्रिया नहीं कर पाते हैं।

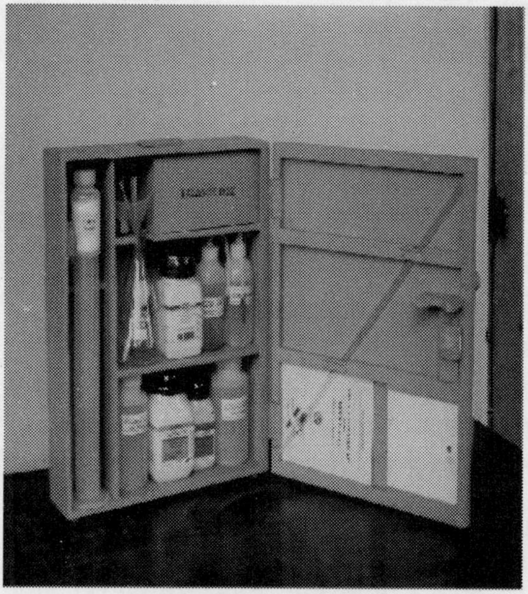

चित्र – 80. सीएसएमसीआरआई द्वारा विकसित आयोडीन परीक्षण किट

नमक के गुण

नमक या सोडियम क्लोराइड एक विशिष्ट स्वादवाला, मृदु एवं अत्यधिक जल विलेय यौगिक है इसमें 23.4 प्रतिशत सोडियम और 35.5 प्रतिशत क्लोरीन होती है। सामान्यतौर पर नमक में कैल्सियम क्लोराइड, मैग्नीशियम क्लोराइड तथा कैल्सियम सल्फेट जैसी अशुद्धियाँ मिली रहती है।

नमक में मैग्नीशियम क्लोराइड की उपस्थिति के कारण ही यह आर्द्रता या नमी का अवशोषण करता है। शुद्ध नमक के क्रिस्टल भी बनते हैं और ये रंगहीन तथा पारदर्शी होते हैं। नमक का गलनांक तथा क्वथनांक क्रमशः 800° एवं 1465° सेल्सियस है। बर्फ के साथ नमक मिलाने पर बर्फ का गलनांक नीचे चला जाता है, इसी कारण नमक का प्रशीतनकारक के रूप में व्यापक उपयोग किया जाता है।

नमक की उपस्थिति में बैक्टीरिया तथा कवक भी नहीं पनपते हैं, इसलिए इसे मक्खन, पनीर आदि खाद्य पदार्थों में दुर्गंधनाशक के रूप में मिलाया जाता है। नमक मृतजीवों की सडांध को भी रोकता है, एतदर्थ इसका शव को जमीन में गाड़ते समय भी उपयोग किया जाता है। यह विद्युत् का कुचालक है।

नमक घर का सेवक

यद्यपि नमक के अनेक क्षेत्रों में उपयोग है। परंतु घरेलू क्षेत्र में यह बहुत उपयोगी है। इस विषयक जानकारी निम्नलिखित है।

वस्तुतः नमक को शुद्धीकारक की संज्ञा प्रदान की गई है। क्योंकि नमकयुक्त पानी से गरारे, आँख की सफाई, खुले घावों की सफाई, नाश्ते से पूर्व कब्ज निवारक पेय, मुख शोधक (Mouth wash) तथा जीवाणुनाशक के रूप में इसका उपयोग किया जाता है। नमक का प्रयोग स्नायु तनाव को दूर करने में किया जाता है।

- आयोडीकृत नमक गलगण्ड रोग का नाशक भी है।
- सरसों मिश्रित नमक एक प्रभावी वमनकारक होता है।
- गीले नमक को जले हुए स्थान पर लगाने, कीड़ों के डंक पर मलने, खुजली के स्थानों पर लगाने तथा चर्मरोग निवारण में भी आराम मिलता है।
- यदि स्नान के टब के पानी में नमक मिला दिया जाता है तो उसका आनंद समुद्र स्नान जैसा होता है। यह थकावट को दूर करता है, बलवर्द्धक तथा शांतिदायक होता है।
- अत्यधिक थके व्यक्ति को नमकीन पानी से स्नान आराम प्रदान करता है।
- लवणीय पानी से स्नान करने पर शरीर की दुर्गंध समाप्त होती है।
- रसोई में प्रयुक्त अनेक पदार्थों को सड़ने से बचाने में नमक की प्रभावी भूमिका होती हैं।

- मक्खन को बिना बर्फ के ठोस आकार में रखने हेतु यदि उसे नमकयुक्त जल में भिगोकर लपेटा जाता है तो वह उसी आकार में रहता है।
- ताजे मांस एवं खाद्य पदार्थों को अस्थाई तौर पर ताजा रखने हेतु यदि उन्हें नमक के आवरण में रखा जाता है तो वे खाने से पूर्व तक ताजे रहते हैं।
- यदि सूखे मेवे के छिलकों को आसानी से उतारना हो तो उन्हे रात भर नमक के पानी में भिगोने पर उनके छिलके आसानी से दूर हो सकते हैं।
- यह देखा गया है कि दोहरे बॉयलर में भोजन जल्दी पकता है यदि बाहरी बर्तन में नमक युक्त पानी रखा जाय।
- तवे को ग्रीज आदि से साफ करने हेतु यदि थोड़ा नमक छिड़कने पर वह अच्छा साफ हो जाता है।
- गरम पुडिंग के बर्तन को यदि लवणीय पानी में रखा जाता है तो वह शीघ्र ठंडा हो जाता है।
- यदि ताजे दूध में एक चुटकी नमक डाल दिया जाता है तो वह अधिक देर तक मीठा रहता है।
- मछली के स्वाद को अच्छा करने हेतु उसे ठंडे लवणीय पानी से धोया जाता है।
- अंडों के संरक्षण एवं अन्य कार्यों में नमक की उपादेयता सर्वविदित है।
- हरी सब्जियों को लवणीय जल में डुबोने पर कीड़े, गंदगी तथा अन्य अशुद्धियाँ दूर हो जाती है।
- बाथरुम में बाथटब तथा अन्य प्याले, मग आदि पीले पड़ने पर उन्हे नमक तथा तारपीन के तेल से रगड़ने पर चमकने लग जाते हैं।
- नींबू के रस में मिश्रित नमक को कांसी तथा अन्य धातुओं के बर्तनों पर रगड़ने से चमक आ जाती है।

- इसी प्रकार चांदी के बर्तनों को भी नमक से मलने पर चमक आ जाती है।
- गैसोलीन की हाथों से दुर्गंध हटाने हेतु नमक को हाथों पर रगड़ना चाहिए।
- चीनी के बर्तनों पर जमे मैल एवं रंग आदि को दूर करने हेतु नमक का प्रयोग किया जाता है।
- गलीचों पर लगे तेल के धब्बों को हटाने हेतु नमक से बार–बार रगड़ने पर ये साफ हो जाते हैं।
- सूती कपड़ों पर लोहे के जंग के निशान हटाने हेतु नींबू के रस तथा नमक को छिड़क कर धूप में सुखाने पर वे दूर हो जाते हैं।
- इसी प्रकार कपड़ों पर रक्त के दाग हटाने हेतु यदि उन्हें लवणीय जल में डुबोकर गरम पानी से धोया जाय तत्पश्चात् साबुन लगाने पर वे दूर हो जाते हैं।
- कपड़ों का रंग धोने पर नहीं उतरने हेतु यदि पानी में नमक डालकर धोया जाता है तो कपड़ों का रंग पक्का रहता है।
- इसी प्रकार कपड़ों की रंगाई करने हेतु रंग में नमक मिलाकर दो घंटे तक रखने पर कपड़ों की रंगाई बहुत अच्छी होती है। अतः वस्त्रों की रंगाई में नमक बहुत उपयोगी है।
- यदि झाडू को लवणीय जल मे थोड़ा डूबोकर फिर चटाई अथवा गलीचे को साफ किया जाता है तो सफाई अच्छी होती है।
- यदि आप अपने घर में कीड़ों से परेशान हैं, तो फर्श एवं शेल्फ पर महिन नमक का छिड़काव करने पर कीड़े उस स्थान से हट जायेंगे।
- यदि आपके लोहे की इस्त्री के पैंदे पर जंग लग गया है तो पहले मोम से रगड़िये फिर नमक से साफ करने पर जंग दूर हो जायेगा।

- रसोई की टेबल के टॉप को साबुन तथा पानी से धोने तथा बाद में कपड़े में नमक डालकर रगड़ने से वह चमकने लगता है।
- कई बार दीवार पर पुताई करते समय नया विलेपन चिपकता नहीं है। ऐसे समय में पुताई में थोड़ा नमक मिलाने पर समस्या दूर हो जाती है।
- फूलदान में रखी फूल–पत्तियों के पानी में थोड़ा टिंच पर नमक डालने पर वे अधिक समय तक तरोताजा रहती है।
- कार के आगे शीशे को साफ करने हेतु भी थोड़ा नमक, पानी तथा दो बूंदे ग्लिसरीन की मिलाने पर अच्छा साफ हो जाता है।

अतः यह कहा जा सकता है कि नमक न केवल घर में वरन् घर के बाहर भी एक अच्छे सेवक का कार्य करता है।

बिटर्न से समुद्री रसायनों की प्राप्ति

नमक की प्राप्ति के पश्चात् बचा हुआ बिटर्न अनेक बहुमूल्य समुद्री रसायनों का, यथा – ब्रोमीन, पोटाश एवं मैग्नीशियम रसायनों का स्रोत होता है। सीएसएमसीआरआई, भावनगर ने बिटर्न से इन मूल्यवान रसायनों की प्राप्ति की दिशा में विस्तारपूर्वक बहुत शोध कार्य किया है। इस संस्थान ने बिटर्न से बहुमूल्य रसायनों की प्राप्ति की दिशा में कई प्रक्रम विकसित कर पेटेंट भी प्राप्त किए हैं।

बिटर्न से ब्रोमीन की प्राप्ति : औसतन रूप में बिटर्न में 2 – 2.5 जीपीएल ब्रोमीन पाई जाती है। हमारे देश के कई भागों में व्यापारिक स्तर पर बिटर्न से ब्रोमीन प्राप्त की जाती है। सीएसएमसीआरआई ने बिटर्न से द्रव ब्रोमीन प्राप्त करने की नवीन प्रौद्योगिकी विकसित की है तथा अपनी प्रौद्योगिकी को देश की प्रमुख औद्योगिक इकाईयों को हस्तांतरित भी की है। वस्तुतः देश में मात्र सीएसएमसीआरआई ही एक ऐसा संस्थान है जिसने जीआरके (Greater Rann of Kutch) पर उपलब्ध प्राकृतिक बिटर्न का दोहन किया है। इस संस्थान ने उपग्रह चित्रण द्वारा बिटर्न की उपलब्धता

का आकलन किया है। अब प्रमुख औद्योगिक इकाईयों द्वारा GRK बिटर्न का लगातार ब्रोमीन प्राप्ति हेतु दोहन किया जा रहा है।

ग्रीन ब्रोमीन – सीएसएमसीआरआई के वैज्ञानिकों ने कम कीमत पर ब्रोमाइड ब्रोमेट (2 : 1) प्रतिकर्मक तैयार किया है। इसे द्रव ब्रोमीन भी कहते है। इस प्रतिकर्मक का स्वस्थाने आम्लीकृत करने पर HoBr उत्पन्न होता है, जो कि ब्रोमीनीकरण की क्रिया को प्रभावित करता है। इसे चित्र – 81 में दरशाया गया है।

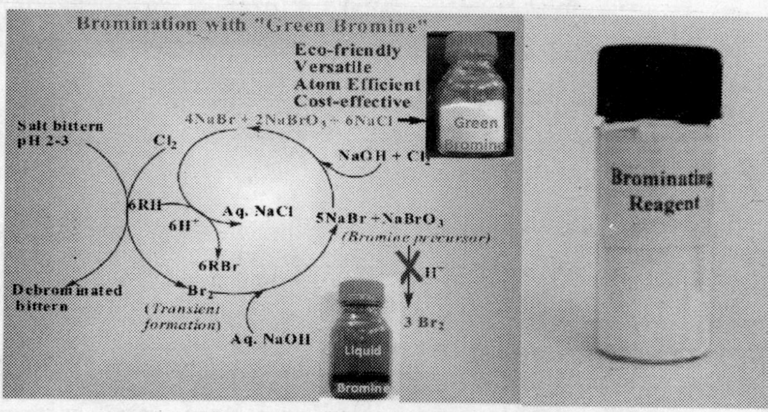

चित्र 81. बिटर्न से ग्रीन ब्रोमीन

1. बिटर्न से पोटैशियम रसायनों की प्राप्ति

पृथ्वी, भोजन एवं चारा की वृद्धि के लिए माध्यम तथा प्राकृतिक स्रोत है जो सभी जीवधारियों के लिए अनिवार्य है। परन्तु पृथ्वी लगातार पोषक तत्व प्रदान नहीं कर सकती, जब तक इसकी आपूर्ति बाहर से न की जाय।

पोटैशियम एक आवश्यक पादप पोषक तत्व है, इसके यौगिक मुख्यतया पोटैशियम क्लोराइड और पोटैशियम सल्फेट एवं अन्य द्विगुण जैसे कि श्योनाइट और सिंगेनाइट उर्वरक के रूप में प्रयोग किए जाते हैं।

पोटैशियम के रसायन महासागर, तालाब एवं अंतः स्थलीय जल में पाए जाते हैं। इसके अतिरिक्त यह वनस्पति तथा प्राणियों के कोशों में भी कम मात्रा में पाया जाता है। प्रकृति में पोटैशियम

निक्षेप मुख्यतया सिल्वाइट, काइनाइट, कारनेलाइट, ग्लेसराइट, स्लिवेनाइट, लेगवेनाइट, पॉलीहोलाइट, एल्युनाइट और फेल्सपार इत्यादि के रूप में पाये जाते हैं। पोटैशियम के नैसर्गिक स्रोत जर्मनी, स्पेन, फ्रांस, रूस, कनाडा, अमेरिका, चीन एवं पेरु में विपुल मात्रा में उपलब्ध है। विश्व के विकसित और विकासशील देशों की कुल मिलाकर पोटैशियम संचय क्षमता वर्ष 1987 तक 17,000,000 टन थी। जो अब 15 प्रतिशत बढ़ चुकी होगी। नवीन आंकड़ों के अनुसार भारत प्रतिवर्ष 3–4 मीट्रिक टन पोटाश कृषि कार्यों में आपूर्ति हेतु विदेशों से आयात करता है। पृथ्वी की पपड़ी में पोटैशियम बहुतायत मात्रा में है, जो प्रोटीन एवं क्लोरोफिल के संश्लेषण में मदद करता है। आलू, गन्ना, हरी सब्जियाँ, कपास, तंबाकू और फलदायक वृक्षों, जैसे – मौसंबी, नींबू, आम, इत्यादि के लिए पोटैशियम का विशेष महत्व है। पोटैशियम उर्वरक प्रकाश संश्लेषण की प्रक्रिया में भी सहायता करता है। यह कार्बन डाइ ऑक्साइड को कार्बोहाइड्रेस और शर्करा में परिवर्तित करता है। पोटैशियम रसायनों का उपयोग अकार्बनिक एवं कार्बनिक पोटैशियम रसायन बनाने में, ग्लास बनाने में, उर्वरक के रूप में, विस्फोटक एवं पोटैशियम सुपर ऑक्साइड बनाने में होता है।

पोटैशियम रसायनों का उत्पादन एवं उपयोग

वस्तुतः पोटाश शब्द किसी भी पोटैशियम लवण के लिए प्रयुक्त होता है। उसका मूल्य पोटैशियम ऑक्साइड (K_2O) के रूप में बताया जाता है। विश्व में 'पोटैशियम लवण ही पोटाश उर्वरक के उत्पादन में उपयोगी है। पोटैशियम क्लोराइड सबसे अधिक उपयोगी उर्वरक है। विश्व में लगभग 95% पोटाश का उत्पादन पोटैशियम क्लोराइड के रूप में होता है, जिसमें पोटैशियम ऑक्साइड 60 प्रतिशत होता है। पौटेशियम क्लोराइड का उपयोग अन्य लाभकारी औद्योगिक और पोटाश रसायनों, जैसे – पोटैशियम सल्फेट, पोटैशियम नाइट्रेट, पोटैशियम क्लोरेट, पोटैशियम कार्बोनेट और पोटैशियम हाइड्रॉक्साइड इत्यादि के उत्पादन में होता है।

पोटाश के कुल उत्पादन का 95 प्रतिशत हिस्सा उर्वरक के रूप में प्रयोग होता है। हमारा भारत देश विकासशील है फिर भी

पोटैशियम सिंगेनाइट – पोटैशियम सिंगेनाइट एक दूसरा सफल पोटाश उर्वरक है। इसकी प्राप्ति के लिए मिश्र क्षार की सामान्य तापमान पर ही, जिप्सम के साथ प्रतिक्रिया करवायी जाती है, जिसके फलस्वरूप 10–11 प्रतिशत नमक की अशुद्धियों वाला पोटैशियम सिंगेनाइट मिलता है। इन अशुद्धियों को प्लवन प्रक्रिया द्वारा दूर करने से ($K_2SO_4CaSO_4.H_2O$) 98 प्रतिशत शुद्ध सिंगेनाइट प्राप्त होता है। इस प्रक्रिया में धनायनिक प्रतिकर्मक ओ. डी.ए.ए. और सी.सी.ए.ए. का प्रयोग किया जाता है।

नाइट्रोपोटाशिक उर्वरक : इस उर्वरक की प्राप्ति बिटर्न में से की जाती है। इसके लिए बिटर्न और मुक्त अमोनिया को फिक्स करने के लिए अमोनियम कार्बोनेट और मैग्नीशियम क्षार का उपयोग किया जाता है।

पोटैशियम फास्फेट उर्वरक : सीएसएमसीआरआई ने मोनो पोटैशियम फास्फेट उर्वरक भी बनाया है। इसमें 35 प्रतिशत पोटैशियम ऑक्साइड एवं 52 प्रतिशत फास्फोरस पेंटाक्सॉइड विद्यमान है। इसी प्रकार पोटैशियम मेटा फास्फेट, जो द्रव उर्वरक है तथा जिसमें 40 प्रतिशत पोटैशियम ऑक्साइड एवं 60 प्रतिशत फास्फोरस पेंटाक्साइड होता है, तैयार किया है। इस उर्वरक को बनाने में पोटैशियम क्लोराइड, सोडियम फॉस्फेट एवं सुपरफास्फेट का उपयोग किया गया है।

पोटैशियम नाइट्रेट : यह भी न केवल महत्त्वपूर्ण पोटाशिक उर्वरक वरन् एक विस्फोटक रसायन भी है। इसमें पहले बिटर्न में से पोटैशियम क्लोराइड प्राप्त किया जाता है तथा बाद में उसकी नाइट्रिक अम्ल या सोडियम नाइट्रेट के साथ क्रिया करके पोटैशियम नाइट्रेट बनाया जाता है।

सीएसएमसीआरआई के वैज्ञानिकों ने बिटर्न से शुद्ध पोटैशियम प्राप्त करने हेतु कई संलग्नी (Ligand), जैसे डाइ पिक्राइल एमीन का उपयोग कर 98 प्रतिशत शुद्धता का पोटैशियम प्राप्त किया है।

2. बिटर्न से रिफ्रेक्ट्री ग्रेड मैग्नेशिया की प्राप्ति

यह विदित ही है कि देश में उच्च कोटि के रिफ्रेक्ट्री का आयात निरंतर बढ़ रहा है। यद्यपि हमारे देश में मैग्नेसाइट के

खनिज बहुत अधिक मात्रा में है परंतु इन भंडारों में सिलिका की मात्रा अधिक होने के कारण इससे बनी हुई रिफ्रेक्ट्री में मैग्नीशियम ऑक्साइड का प्रतिशत 85 प्रतिशत से अधिक नहीं बढाया जा सकता है। उच्च कोटि के मैग्नीशिया रिफ्रेक्ट्री का उत्पादन समुद्र के पानी से अथवा बिटर्न से ही प्राप्त किया जा सकता है। भावनगर स्थित सीएसएमसीआरआई के वैज्ञानिकों ने बिटर्न से कई मैग्नीशियम रसायनों यथा – मैग्नीशियम कार्बोनेट, मैग्नीशियम हाइड्रॉक्साइड, मैग्नीशियम टाईसिलिकेट तथा मैग्नीशियम ऑक्साइड प्राप्त करने की कई नवीन विधियाँ खोज निकाली है। मैग्नीशियम ऑक्साइड एक महत्वपूर्ण रासायनिक यौगिक है जिसका औद्योगिक क्षेत्र में बहुत अनुप्रयोग हैं। इसके उच्च गलनांक के कारण इसका रिफ्रेक्ट्री ईटों के निर्माण बहुत उपयोग होता है।

हमारे देश में मैग्नेशिया बनाने के दो मुख्य स्रोत हैं। यथा – प्राकृतिक मैग्नेसाइट तथा समुद्री पानी।

समुद्री पानी से मैग्नेशिया बनाने की तकनीक जटिल है। इसके लिए समुद्र का पानी बहुत अधिक मात्रा में लेना पड़ता है। ऐसा अनुमान किया जाता है कि यदि लाइम स्टोन का प्रयोग किया जाता है तो एक टन मैग्नेशिया बनाने के लिए सात लाख लीटर समुद्री पानी की आवश्यकता रहती है। वस्तुतः बिटर्न, नमक के उत्पादन से पाए जाने वाला एक सह उत्पाद है। इसमें मैग्नेशियम की मात्रा समुद्री पानी की तुलना में 50 से 60 गुणा अधिक है। बिटर्न से मैग्नेशिया बनाने की प्रक्रिया में पहले उसमें मिली हुई सल्फेट की अशुद्धि दूर करने के लिए कैल्सियम क्लोराइड का उपयोग किया जाता है, जिस डी सल्फेटीकरण कहते हैं। इस प्रक्रिया में जिप्सम अवक्षेपित होकर सह उत्पाद के रूप में मिलता है, जिसको छनन से पृथक कर लिया जाता है।

$$MgSO_4 + CaCl_2 \rightarrow CaSO_4 + MgCl_2$$

$$MgSO_4 + CaO \rightarrow MgO + CaSO_4$$

सीएसएमसीआरआई ने बिटर्न पर आधारित मैग्नीशियम ऑक्साइड बनाने की सरल विधि विकसित की है, जो अभी तक की प्रक्रियाओं में जुड़ी हुई कठिनाइयों को अधिकतर दूर करके प्रक्रिया को सरल बनाती है। संस्थान ने इस नूतन विधि की खोज हेतु

अंतरराष्ट्रीय स्तर पर पेटेंट भी आवेदित किया हैं देश के केन्द्रीय काँच एवं सिरेमिक अनुसंधान संस्थान (CGCRI), कोलकाता ने इस विधि से उत्पादित मैग्नेशिया को उत्कृष्ट माना हैं मैग्नेशिया प्राप्ति को चित्र–82 में दर्शाया गया हैं तथा बिटर्न से म्यूरेट ऑफ पोटाश, सल्फेट ऑफ पोटाश की प्राप्ति को चित्र 82ए में दर्शाया गया हैं

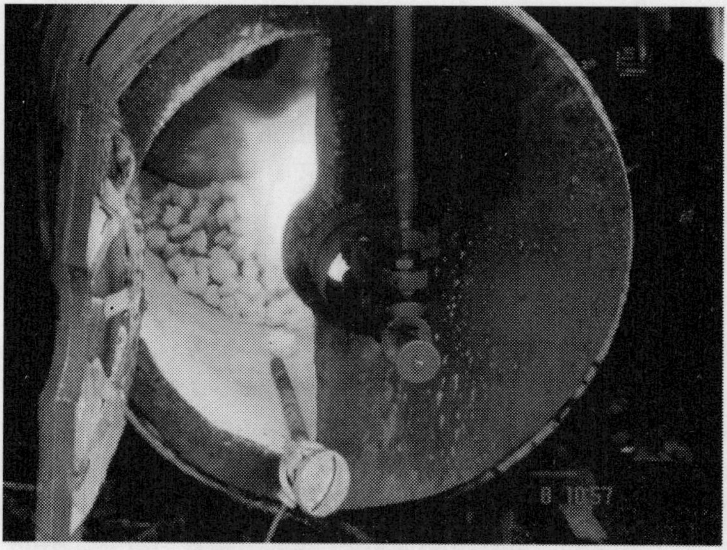

चित्र 82. बिटर्न से उच्च गुणवत्ता का मैग्नेशिया प्राप्तिं

चित्र 82ए. बिटर्न से एम ओ पी, एस ओ पी व मैग्नेशिया प्राप्तिं

मैग्नेशियम ऑक्साइड के उपयोग

इस महत्त्वपूर्ण रसायन के कई क्षेत्रों में उपयोग हैं –

1. रिफ्रेक्ट्री निर्माण में,
2. सीमेन्ट की भट्टी बनाने में,
3. सिरेमिक्स की बनावट में,
4. पशुचारे में पूरक के रूप में,
5. दूषित जल के शुद्धीकरण में,
6. अम्लता दूर करने में,
7. ऑक्सीक्लोराइड एवं ऑक्सीसल्फेट सीमेंट की बनावट में, तथा
8. दवाईयों तथा उर्वरक के रूप में

गुजरात में नमक उद्योग

देश में गुजरात राज्य में सबसे लंबा 1600 कि.मी. का समुद्री तट क्षेत्र है तथा संपूर्ण देश के नमक उत्पादन की 70 प्रतिशत भागीदारी इसी प्रदेश की है। गुजरात ने केवल वर्ष 1976 को छोड़कर इस रिकार्ड को कायम रखा है। नमक उत्पादन के लिए गुजरात राज्य में भौगोलिक स्थितियाँ भी अनुकूल है। गुजरात में साल्ट वर्क्स को प्रमुखतः चार श्रेणियों में वर्गीकृत किया गया है।

1. निजि क्षेत्र (Private Sector)
2. सार्वजनिक क्षेत्र (Public Sector)
3. सहकारी सोसायटी (Cooperative Society)
4. बिना अनुज्ञप्ति क्षेत्र (Unlicensed Sector)

गुजरात में नमक उत्पादन का प्रमुख स्रोत समुद्री जल तथा अवमृदा ब्राइन है। इन स्रोतों से नमक की प्राप्ति प्रभावी क्रिस्टलन द्वारा की जाती है। यह प्रेक्षित किया गया है कि समुद्री जल से प्राप्त नमक में अवमृदा लवणीय जल से प्राप्त नमक से कम अशुद्धियाँ विद्यमान रहती है। यह भी देखा गया है कि गुजरात के

13 विभिन्न जिलों में लगभग 1530 समुद्री साल्ट वर्क्स एवं 1190 अंतर्देशीय/अवमृदा ब्राइन साल्ट वर्क्स हैं जो नमक उत्पादन में सक्रिय रूप से कार्य कर रहे हैं। गुजरात के प्रमुख नमक उत्पादन केन्द्रों को चित्र – 83 में दर्शाया गया है।

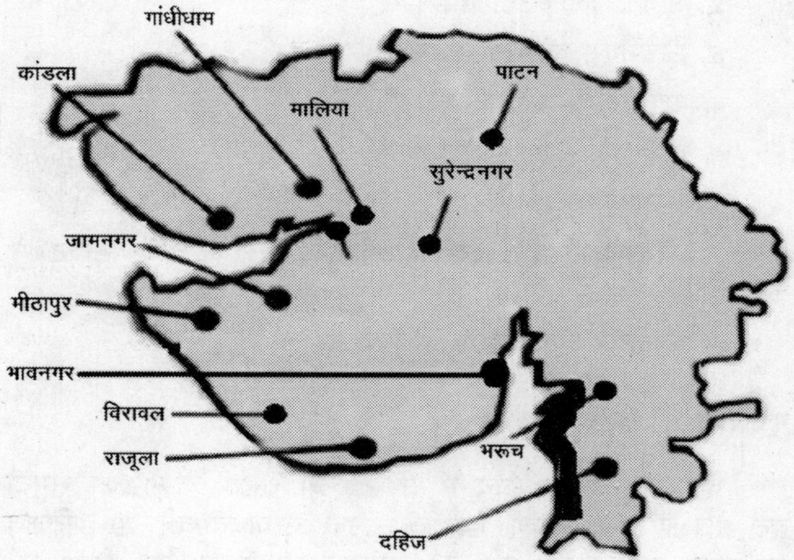

चित्र 83– गुजरात के प्रमुख नमक उत्पादन क्षेत्र

नमक उद्योग के उप–उत्पाद

नमक उद्योग के उप–उत्पाद के रूप में क्लोर–ऐल्कली के अलावा कई उद्योग विकसित हुए हैं। जैसा कि विदित ही है समुद्री जल में नमक के अतिरिक्त विभिन्न प्रकार के बहुमूल्य रसायन, जैसे – ब्रोमीन, मैग्नेशियम क्लोराइड, मैग्नीशियम सल्फेट, पोटैशियम क्लोराइड तथा कैल्सियम सल्फेट आदि होते हैं। इसी प्रकार जिप्सम, जो कि सीमेन्ट उद्योग का आधारभूत कच्चा माल, काँच एवं सिरेमिक्स, प्लास्टर ऑफ पेरिस तथा अन्य सजावट की मूर्तियों एवं सामान में प्रयुक्त होता है, प्राप्त होता है। नमक उत्पादन के पश्चात् प्राप्त बिटर्न, अनेक रसायनों, यथा – ब्रोमीन, मैग्नीशियम एवं पोटैशियम रसायनों का भी प्रमुख स्रोत है। सारणी – 21 में वर्ष

2005, 2006 तथा 2007–08 तक के दौरान विभिन्न राज्यों में नमक के उप–उत्पादों का विवरण दिया गया है। इसी प्रकार सारणी–22 में वर्ष 2000–01 से वर्ष 2007–08 तक सोडा ऐश एवं कास्टिक सोड़ा के उत्पादन को वर्णित किया गया है।

सारणी – 21. वर्ष 2005 से 2007–08 तक विभिन्न राज्यों में नमक के उप–उत्पादकों का विवरण

क्रम सं.	राज्य	उप उत्पाद	2005		2006		2007–08	
			मात्रा (टन)	मूल्य (लाख)	मात्रा (टन)	मूल्य (लाख)	मात्रा (टन)	मूल्य (लाख)
1	गुजरात	जिप्सम	88300	332.55	60297	265.17	183566	1058.27
2	तमिलनाडु	जिप्सम	30300	68.17	35000	87.50	38151	170.16
	योग		118600	400.72	95297	352.67	221717	1228.43
3.	गुजरात	द्रव ब्रोमीन	2233	1407.31	1955	1764.06	1439.05	1432.98
4.	तमिलनाडु	द्रव ब्रोमीन	191	109.25	183	100.79	225.59	1155.14
5.	गुजरात	मैग्नीशियम क्लोराइड	107.94	209.71	10315	263.65	11204	268.80
6.	गुजरात	मैग्नीशियम सल्फेट	6259	135.78	–		–	–
7.	तमिलनाडु	ऐल्केलाइन ब्रोमाइड	83	26.73	–		–	–
8.	राजस्थान	क्रूड सल्फेट	–	–	–		138	0.1

सारणी–22. कास्टिक सोडा एवं सोडाऐश का उत्पादन (वर्ष 2000–01 से 2007–08)

वर्ष	सोडा ऐश (लाख टन)	कास्टिक सोडा (लाख टन)
2000–01	19.65	15.62
2001–02	18.75	15.71

2002–03	21.38	16.15
2003–04	22.38	17.35
2004–05	23.46	18.09
2005–06	22.22	19.39
2006–07	20.47	19.93
2007–08	21.06	21.60

सारणी–23 में राज्यवार आयोडीन नमक के उत्पादन (वर्ष 2007–08) को दरशाया गया है।

सारणी–23. राज्यवार आयोडीन नमक का उत्पादन (वर्ष 2007–08)

क्र॰सं॰	राज्य का नाम	नमक उत्पादन (मी॰ टन)		योग
		परिष्कृत	अपरिष्कृत	
1.	आंध्रप्रदेश	–	30.6	30.6
2.	आसाम	–	14.7	13.7
3.	गुजरात	1668.2	1464.1	3132.3
4.	हिमाचल प्रदेश	–	4.3	4.3
5.	जम्मू व कश्मीर	–	9.3	9.3
6.	कर्नाटक	–	6.0	6.0
7.	महाराष्ट्र	–	–	–
8.	उड़ीसा	–	15.2	15.2
9.	राजस्थान	109.3	769.9	879.2
10.	तमिलनाडु	261.0	574.0	835.9
11.	त्रिपुरा	–	11.3	11.3
12.	उत्तरप्रदेश	–	–	
13.	पश्चिम बंगाल	–	23.7	23.7
14.	मेघालय	–	0.4	0.4
	योग	20385	2923.4	4961.9

सीएसएमसीआरआइ के केन्द्रीय नमक एवं समुद्री रसायन अनुसंधान संस्थान, भावनगर ने समुद्र से उच्च गुणवत्ता वाले नमक के उत्पादन में तथा समुद्र से बहुपयोगी रसायनों को प्राप्त करने में बहुत ही उत्कृष्ट कार्य किया है तथा अंतरराष्ट्रीय स्तर पर पेटेंट भी प्राप्त किए है। इस संस्थान द्वारा विकसित प्रौद्योगिकियाँ आर्थिक दृष्टि से बहुत उपादेय सिद्ध हो चुकी है। कई सीमांत नमक उत्पादको के जीवन स्तर में सुधार लाने हेतु भी इस संस्थान के वैज्ञानिकों ने परामर्श सेवाएं प्रदान की है। तथा प्रशिक्षण कार्यक्रम भी समय–समय पर आयोजित किए हैं।

अतः यह निश्चित रूप से कहा जा सकता है कि समुद्र बहुमूल्यवान रसायनों, औषधियों तथा खाद्य संपतियों का एक विशाल खजाना ही नहीं वरन् हमारे विकास का मेरुदण्ड भी है। देश के विभिन्न अनुसंधान केंद्रों में हो रहे सागर विज्ञान विषयक जनोपयोगी अनुसंधान देश की आर्थिक, सामाजिक एवं वैज्ञानिक उन्नति में मील का पत्थर साबित होंगे।